エリア
リノベーション

変化の構造とローカライズ

馬場正尊＋Open A

倉石智典

豊田雅子

加藤寛之

明石卓巳

小山隆輝

嶋田洋平

学芸出版社

この本の目的と使い方

エリアリノベーションとは

　この10年で「リノベーション」という単語は建築の世界だけではなく、一般社会にも流通し定着した。最初は古い建物の再生を意味していたが、最近はよりダイナミックな価値観の変換を期待する空気を感じる。

　リノベーションは単体の建築を再生することだが、それがあるエリアで同時多発的に起こることがある。アクティブな点は相互に共鳴し、ネットワークし、面展開を始める。それがいつしか増幅し、エリア全体の空気を変えていく。

　いくつかのエリアで、偶然に無秩序に起こっているように見えるこの現象には、実はある基本構造が存在していることに気づき始めた。もちろん地域性や登場人物によって、立ち上がる街の風景はまったく違うが、そこには必ずいくつかの共通点がある。何が基本構造で、何がローカライズされた特殊解なのか、この本ではそれを浮かび上がらせ、新しい方法論としてまとめたい。

　「都市計画」という単語の下で行われてきた、行政主導のマスタープラン型の手法。「まちづくり」という単語の下で行われてきた、助成金や市民の自発的な良心に依存した手法。僕らは今、そのどちらでもない、デザイン、マネジメント、コミュニケーション、プロモーションな

エリアリノベーションとは？

点のリノベーションから、面のリノベーションへ

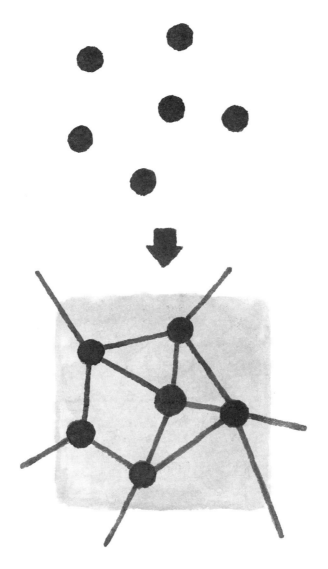

どがバランスよく存在する、新しいエリア形成の手法を発明しなければならない。この本ではそれを「エリアリノベーション」と呼んでみることにする。

　本書では、第1部「エリアリノベーションとは」において、エリアリノベーションをめぐる背景と理論を整理し、第2部「エリアリノベーションの実践」において、点のリノベーションが面的に展開していった6つの代表的な街をケーススタディとして分析、構造化していく。

エリアリノベーションの法則を探して

　この本の最大の目的は、現段階で成功していると思われるエリアリノベーションの法則を探すことだ。

　もちろん、街の事情はさまざまで、人口や産業、街を構成する人々のキャラクターや積み重ねられた歴史など、まったく違う背景や条件を持っている。しかし、それを超えて、成功の要因となる骨格が存在するのではないだろうか。本書では、それを「基本構造」と呼ぶことにする。そして、地域ならではの事情や条件によって左右される要因を、「ローカライズ」と呼んでみる。エリアリノベーションは、その組み合わせによって起こっているというのが僕の仮説だ。

6つの街をめぐって

　この本では、6つの街を具体的な素材対象／モデルケースとして探し当てた。職業柄、日本中の街を訪れる。そして時々、「この街の変

基本構造とローカライズ

・・・・・ **ローカライズ**
街の状況に即して
柔らかく変化する部分

・・・・・ **基本構造**
どんな街にも共通の骨格

化は本物だな」と感じる街に出会う。骨太で、着実で、しっかりとした経済活動が行われている。しかも、かっこいい（これが重要）。ここならしばらくの間、住んでみたいと思える街。

　そこには何か、理由や法則みたいなものがあるのだろうか？　きっとあるはずだ。それは何なんだろう。そんなことを考えながら、この本を書くにあたり選んだのは以下の6つの街だ。

- 東京都神田・日本橋（CET）
- 岡山市問屋町
- 大阪市阿倍野・昭和町
- 尾道市旧市街地
- 長野市善光寺門前
- 北九州市小倉・魚町

これらの街を選んだ基準は、およそ以下の通りだ。

- 目に見えて風景が変化していること。
- 変化が継続し、日常化していること。
- 経済的に自立していること。
- デザインがかっこいいこと。

　最初から確信があったわけではないが、気になる街を並べてみると、このような共通点があった。すでに起こっているそのリアルな状況にこそ、まちづくりの次の概念が潜在しているのではないだろうか。

6つの街／エリア

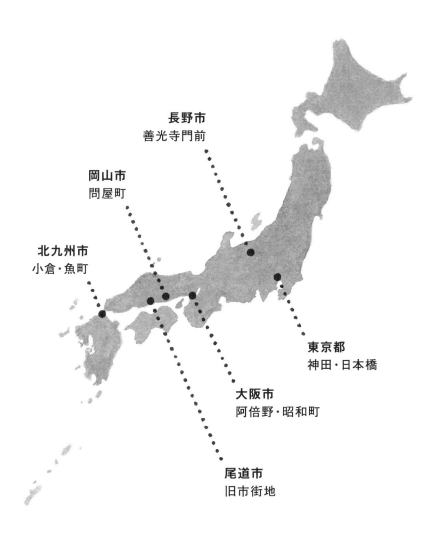

長野市
善光寺門前

岡山市
問屋町

北九州市
小倉・魚町

東京都
神田・日本橋

大阪市
阿倍野・昭和町

尾道市
旧市街地

街の変化を比較する9つの視点

　6つの街の取材にあたり、その街のエリアリノベーションをドライブさせたキーパーソンに、改めて現場を案内してもらいながら、長いインタビューを行った。

　一見、バラバラな6つの街の変化を、できるだけ構造的に把握するため、同じ質問を、同じ順番で投げかけた。それによって、共通項と差異がわかりやすくなると考えたからだ。質問項目は下記の通り。

- 変化の兆し
- きっかけの場所
- 事業とお金の流れ
- 運営組織のかたち
- 地域との関係
- 行政との関係
- プロモーションの手法
- エリアへの波及
- 継続のポイント

　ヒアリングを通して3つの基本構造と9つのローカライズのポイントが浮かび上がってきた。この方法論を新しく変化する街のヒントにしてほしい。

馬場正尊

9つの共通の質問

01 変化の兆し SIGN

02 きっかけの場所 SPACE

03 事業とお金の流れ MONETIZE

04 運営組織のかたち OPERATION

05 地域との関係 CONSENSUS

06 行政との関係 PARTNERSHIP

07 プロモーションの手法 PROMOTION

08 エリアへの波及 IMPACT

09 継続のポイント MANAGEMENT

目次

- 002 **この本の目的と使い方**
- 002 エリアリノベーションとは
- 004 エリアリノベーションの法則を探して
- 004 6つの街をめぐって
- 008 街の変化を比較する9つの視点

013 第1部 エリアリノベーションとは ——馬場正尊

014 01 エリアリノベーションの背景
- 014 「まちづくり」という言葉からの脱却
- 015 郊外化のメカニズム
- 018 資本の流れと風景の関係
- 021 マスタープラン型から、ネットワーク型へ

023 02 基本構造:3つのポイント
- 023 空間ができるプロセスの逆転
- 024 職能を横断するプレイヤーの登場
- 027 街を変える4つのキャラクター
- 027 [1]不動産キャラ
- 031 [2]建築キャラ
- 033 [3]グラフィックキャラ
- 035 [4]メディアキャラ

039	**03**	**ローカライズ：9つのポイント**
039		変化の兆し／サイン
040		きっかけの場所／スペース
040		事業とお金の流れ／マネタイズ
042		運営組織の形／オペレーション
044		地域との関係／コンセンサス
046		行政との関係／パートナーシップ
047		プロモーションの手法／プロモーション
048		エリアへの波及／インパクト
048		継続のポイント／マネジメント
050	**04**	**計画的都市から、工作的都市へ**
050		産業構造の風景化
052		工作的都市の出現

053　第2部 エリアリノベーションの実践

056	**01**	**東京都神田・日本橋** ── 馬場正尊
088	**02**	**岡山市問屋町** ── 明石卓巳
120	**03**	**大阪市阿倍野・昭和町** ── 小山隆輝・加藤寛之
152	**04**	**尾道市旧市街地** ── 豊田雅子
188	**05**	**長野市善光寺門前** ── 倉石智典
220	**06**	**北九州市小倉・魚町** ── 嶋田洋平

254　街と観察者

第1部

エリアリノベーションとは

馬場正尊

01 エリアリノベーションの背景

「まちづくり」という言葉からの脱却

　「まちづくり」という言葉が使われるようになってかれこれ40年近くの月日が経過している。大学の師である石山修武(1988〜2014年、早稲田大学建築学科教授)も、僕が研究室に在籍していた1980年代後半から1990年代初めにかけて、その言葉をよく使っていた。当時はバブルの最盛期。伊豆の松崎町、宮城の気仙沼市や角田市、唐桑町、そして僕の生まれ故郷である佐賀の伊万里市など、たくさんの地方都市に連れて行ってもらい、まちづくりの現場の空気を感じた。

　それから四半世紀が経とうとしている。その間、日本の街がおかれている状況は大きく変化した。人口減少が始まり、人々の消費は急速に郊外に移り、街を歩く人の姿は激減した。

　「まちづくり」という言葉には独特の甘い響きがあるのかもしれない。それは善意や社会貢献に裏打ちされていなければならない。それはボランティア精神によって行われ、儲けてはいけない。それは街に住む人々にとって公平でなければならない。それは常に清く美しい物語でなければならない。

　もちろん、「まちづくり」という単語が持つ、これらの思いを否定するわけではない。日本の地域社会は、少なからずこのような精神の積み重ねによって成り立ってきた。しかしそれが、「まちづくり」という

言葉に、ある種の免罪符を与えてしまったのではないだろうか。

　その美しい物語を維持するために、過剰な公平性が担保され、健全な競争や経済合理性の判断を鈍らせることになった。それは衰退を隠蔽し、そしていつしか助長し、街が自分たちで考え、自分たちで稼ぎ、自立する能力を少しずつ奪っていった。

　もちろん、そんな街ばかりではない。効果的な投資によって活性化された街もあるだろう。しかし、この25年間、いったいどれくらいの税金が、まちづくり、活性化という錦の御旗のもとに投下され続けただろうか。

　「まちづくり」という単語に罪があるわけではないが、この本ではあえて、この使い古され、手垢のついてしまった美しい言葉から脱却することから、新しい方法論を模索してみたいと考えた。

郊外化のメカニズム

　戦後、日本の都市計画やまちづくりは、マスタープラン型で進められてきた。行政主導で5ヵ年計画が描かれ、それに沿って土地利用計画や宅地開発、民間企業の誘導などが行われ、人口の増加に遅れないように計画が遂行されていった。少なくとも戦後50年近くはこのプロセス／方法論が有効に働いてきたといってもいい。日本の都市環境は素早く、清潔に、安全に形成されてきた。

　その方法論の限界が顕著に現れ始めたのは、まず地方都市からだ。

　1974年施行の大店法によって、大規模な商業施設が街なかに立地することができなくなった。それは既存店舗の競合となる大型店舗

を街なかから排除するものだったが、結果的にそれが導いたのは商業空間の郊外化だった。安い郊外の土地に巨大なショッピングセンターがつくられ、顧客を丸ごと奪っていった。投資効率が良いため、大資本は矢継早に売場面積を増やしていった。

　一方、数多くの個人商店の集合体である商店街／中心市街地は変化に対する意思決定が否応なく遅れる。さらに、高止まりしている土地の値段や賃料も変化を抑制した。商業の中心は瞬く間に街から郊外へと移行した。

　その構造的、経済的な変化を阻止することはできなかっただろう。それは僕らが望んだ未来だからだ。

　行政も市街地が外へ外へと広がっていくことを許容した。もしかすると、促進した、といってもいいかもしれない。本来なら、市街化調整区域や農地として新たに開発をしないエリアでも、次々に用途地域を変更し、宅地や商業を誘致した。都市はダラダラと広がり続け、結果的にできたのが、均質で密度の薄い、あの郊外の風景だ。

　こんな風に書くと、まるで僕が郊外の風景や大型商業施設を否定しているかのように思われるかもしれないが、実はそうでもない。それはもはや、僕の原風景の1つとなっている。バイパスの先でどんどん造成されていく土地に夕日が沈んでいく風景。大型ショッピングセンターでカートを引きながら、安価な即席食材や日用雑貨をためらいなくカゴにポンポンと入れる行為。それらに僕は、なぜか妙に安堵するし、同時に何かいけないことをしているのではないかという微妙な罪悪感みたいなものを感じていた。

　人口の最も多い団塊ジュニア世代前後にとって、それは共通の感

個別性、地域性が奪われた風景

覚ではないだろうか。好むと好まざるとにかかわらず、僕らはこのような消費行為や風景の変化の中で育ってきた。なんとなく嫌な予感を感じながら、それを肯定し、それを楽しんできたのは確かだ。郊外のこの風景は結果的に、僕らが選択したものなのだ。

ちなみに、都市の拡張を意識的に制御して成功したといわれているのが、今話題のポートランドだ。「都市成長境界線」というものを37年前に設定し、そこから先にはスプレッドしないと決め、それを遵守してきた。結果的に街はコンパクトにまとまり、ちょっと郊外へ足を伸ばせば、豊かな自然や森の風景が現れる。もしかすると、日本が獲得していたかもしれない風景でもある。一方、僕らは、外へ外へと広がっていく都市を選択し、その動きはいまだ止まってはいない。

資本の流れと風景の関係

この郊外の風景を生みだす、資本の構造的な流れを簡単に示すと、こうなっている。

日本中で行われる消費は税金や利益という形でいったん国や大企業に集中し、そこで無色無臭のお金となる。そして、地方交付税交付金や補助金として地方に再配分される。そのお金を使う主導権は常に中央にあり、地方にはない。感情のないお金が無自覚に再投資され、その流れが何度も繰り返される。これが、あのどこにでもある郊外の風景ができあがっていくメカニズムだ。

もともと地域では、お金がその地域内でコンパクトに回り、それが複数混在していることで活力を生んできた。しかし、戦後日本の護

都市の拡大を許した日本、抑制したポートランド

**日本の
市街化調整区域**
なしくずしの線。宅地・商業への変更が都市の拡張を招いた

**ポートランドの
成長境界線**
そこから街が広がらない厳格な線。都市の無自覚な拡散を防いだ

送船団方式は、大きくてシンプルで監視しやすい経済の形、国の形を選択した。それは安定的で秩序のある社会を生みはしたが、同時に生き生きとした、小さなオリジナリティやクリエイティビティを抑制することにもつながった。これから僕らは、その安定のツケを感じながら生活することになるのかもしれない。

風景を形成する資本のメカニズム

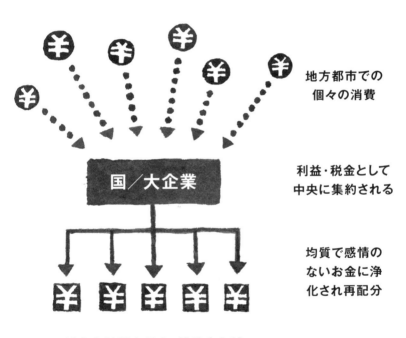

こうした集約→再分配の資本の流れから脱却しなければならない時がきているのではないか。部分が、地方が、周縁が、より活発にうごめきながら、その集積がいつの間にか全体のダイナミズムにつながるような社会へと、僕らはシフトチェンジしなければならない。

マスタープラン型から、ネットワーク型へ

　これまでの社会構造、都市構造を形づくってきたのが、マスタープラン型の都市計画であり、まちづくりだ。まず机上で線が引かれ、目標数値の設定が行われ、予測可能とは思えないほど先の収支が楽観的に組み立てられる。

　街は成長することが前提になっていて、不確定要素に対しての想像力は働かない。何も疑わず活性化することが前提となった、演繹的な方法が、今までの都市計画だった。

　しかし、それが限界にきていることはすでに誰もが知っている。都市計画、そしてまちづくりは、新しい方法論を希求している。それがネットワーク型である。かつて、クリストファー・アレグザンダーが「都市はツリーではない」と提唱したが、問題意識の根幹は似ている。活発な部分が、複数の場所で、同時多発的に生まれ、それらが共鳴しあってつながってゆく。

　前者のマスタープラン型が演繹法的計画であるとするならば、後者のネットワーク型が帰納法的計画である。

計画の構造変化

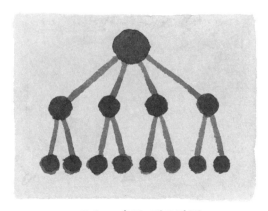

マスタープラン型の計画
演繹法的・ツリー構造

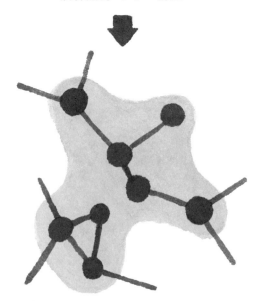

ネットワーク型の計画
帰納法的・アメーバ型

02　基本構造：3つのポイント

空間ができるプロセスの逆転

　本書で紹介する6つの街に共通している基本構造の1つが、街の変化の仕方、いや空間のつくられ方のプロセスが逆転しているということだ。

　戦後、日本の空間のつくり方は、次のようなプロセスをとるのが一般的だった。

　建築家、都市計画家、コンサルタントなどがまず計画を立てる。

　次に、ゼネコンや工務店がその計画に沿って実物をつくる。

　そして、使い手に渡される。

　「計画する人」→「つくる人」→「使う人」という順番で物事が動く。これが近代の空間のつくられ方であり、ヒエラルキーでもあった。

　しかし、この6つの街の空間のつくられ方は、それとまったく逆のプロセスを辿っている。まず、使う人が、使い方や使う場所を探しだす。現場の実践的な使われ方の発想から物事が始まる。

　次に、どのようにつくることが可能か、いくらでつくることができるか、もしくはいくらならかけられるか（こっちの場合が圧倒的に多い）が、即興的に決められる。

　そして、最後にそれをまとめるために、建築家やデザイナーが図面やデザインの線を引き始める。時には最後の工程は飛ばされて、いき

なり現場で制作が始まったりもする。

　それはまるでジャズミュージシャンが、現場で音合わせをして即興的なジャムセッションを始めるような感覚だ。そのスピード感、プラグマティズムが、とにかくかっこいい。

　できあがる空間は、いろんなものが現場合わせだったりするので少々荒っぽくて、ざらっとした質感になる。あらかじめ工場でつくられたピカピカの仕上がりにはならない。しかし、ジャムセッションの不完全な調和が時に気持ちがいいように、その空間も心地よく成り立っている。

　建築家が設計する空間は、スタジオで録音される音楽のようにきれいに整えられているが、それができあがるまでに多くの人手と時間がかかってしまう。

　もちろん、どちらのつくられ方もありうるし、現実にはその両方で成り立っている。計画する側の人間としては、近代のプロセスで仕事をする方が安心だ。しかし、日本の街の現場を見ていると、必ずしもそのプロセスが正しいとは思えないことが多くなった。同時に、使う側の現場での構想力と圧倒的なリアリティの前に、計画は立ちすくむことだってある。状況の変化は認めざるをえない。

職能を横断するプレイヤーの登場

　さらに、取材をしたキーパーソンに共通していた基本構造の2つめは、各人がプロジェクトのプロセス全体の当事者である、ということだ。要するに、使う人でもあり、つくる人でもあり、計画する人でもある。

空間ができるプロセスの逆転

近代のプロセス →

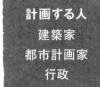
計画する人
建築家
都市計画家
行政

つくる人
工務店
ゼネコン

使う人
事業者
テナント

← 現代／これからのプロセス

プロジェクトの当事者化

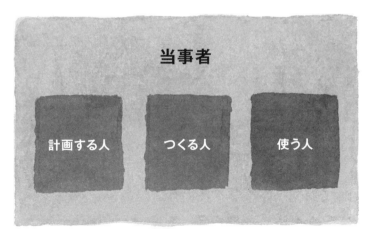

当事者
計画する人　つくる人　使う人

役割が融合・統合していく

彼らは、ある職能にとどまることなく、それらの職能を横断するキャラクターになっている。

近代の空間づくりの歴史は、職能の細分化の歴史でもあった。当事者意識も細分化され、ある物事、空間ができるプロセスの一部を担うのが普通になっていた。近代以前は事業の当事者が何から何までやる場合も多かっただろう。それが可能だったのは規模が小さかったからだ。近代以降、プロジェクトの規模は巨大化し、それを実現するために職能の細分化が図られた。

しかし、現在の地方都市ではもはや巨大なプロジェクトは必要とされていない。小さくてもダイナミックにスピード感を持って街を変化させる、たくさんの小さな当時者が求められている。それは、今までとは

役割のフォメーションの変化

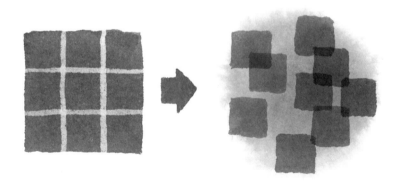

細分化　　　　　　　　　　弾力的

まったく逆のプレイヤー像である。

街を変える4つのキャラクター

　変化が起こり、なおかつそれが継続するために、必ず存在しなければいけないキャラクターがあることにも気がついた。その存在が3つめの基本構造であり、最も重要なポイントだ。それをキャラクタライズして列挙すると、こうなる。

　　・不動産キャラ／調整する人
　　・建築キャラ／空間をつくる人
　　・グラフィックキャラ／世界観をかっこよく表現する人
　　・メディアキャラ／情報を効果的に発信する人

　必ずしも1人が1役を担うというわけではなく、1人が複数のキャラ／役割を担うこともあるが、とにかく必ずこれらのキャストが、6つの街には揃っていた。おそらくそれは偶然ではないはずだ。

[1] 不動産キャラ

不動産エージェントの果たす役割

　エリアリノベーションには新しいタイプの不動産知識を持つ人材が不可欠だ。

エリアリノベーションに必要なキャラクター

不動産キャラ

メディアキャラ

コンセプトの構築
変化への欲望
＝
求心力

建築キャラ

グラフィックキャラ

神田・日本橋／CETエリアでは「東京R不動産」。

岡山・問屋町では、前職でリーシングを経験した明石卓巳がその役割を果たしていた。

大阪・昭和町では、不動産会社を経営する小山隆輝。

尾道では、豊田雅子の個人的活動からNPO法人尾道空き家再生プロジェクトへとその役割が引き継がれていた。

長野・善光寺門前では、不動産会社出身の倉石智典。

北九州は変則的で、リノベーションスクールの開催自体が物件の発掘やテナント募集を結果的に兼ねることになっている。

このように必ず、柔軟なそして創造力を持った「不動産エージェント」の存在があるのだ。

その不動産エージェントのキャラクターにはいくつかの条件や特徴がある。

- 魅力的な物件を、宝探しのように自ら発掘するのが好き。
- 物件オーナーの状況に寄り添って、ゆっくり話し相手ができる。
- テナントの話を聞きながら、同時に現実を突きつけることもできる。
- 困難なことが起こっても諦めない。
- 本当に街のことを思っている。

この不動産エージェントの存在が、エリアリノベーションのコミュニケーションのハブになっている。そこにあらゆる人と情報が集まってくる。

新しい関係性をつくる職能

　一般的に不動産屋のイメージは物件の仲介など、固定化した仕事のように見えるかもしれない。だが、不動産屋は場所／空間と人を結びつける総合的なエージェント機能である。そして、街の変化にもっとも不可欠な存在であることがわかってきた。
　人（家主）と人（借主）、人と空間、人と街の関係を新しく築けるスキルが、不動産エージェントは高い。
　岡山・問屋町の明石は、空きの目立つようになったビルを所有しているオーナーに対し、物件単体への言及ではなく、街全体の未来の姿を伝えた。物件のオーナーであると同時に商売人でもある彼らは、そこに変化せざるをえない現実と、可能性を感じとったはずだ。明石がもたらしたのは街のオーナーたちの価値観の転換だった。
　長野・善光寺門前の倉石は、電気メーターの動いていない魅力的な物件があれば、近所のヒアリングなどからその所有者を探し出す。ほとんどの場合が高齢者である。その家をめぐる思い出話につきあいながら、大切に使ってくれる誰かに貸すことを、柔らかく時間をかけて促している。

クリエイティブな契約書に滲みでる試行錯誤

　地元の老舗不動産屋を継いだ大阪・昭和町の小山は、自らの業務スタイルを変革した。土地の開発や分譲に偏りがちだった業務を、自分の育った街を守ることにシフトさせた。そのなかで不動産のプロと

してのさまざまな試行錯誤を行っている。たとえば、それは契約書のつくり方にも現れている。

契約書とは通り一辺倒で堅苦しいものだという先入観があった。しかし契約書とは人と人、組織と組織、人とモノ、人と空間を関係づけるクリエイティブなものであると、この取材を通して痛感した。それは関係の結び方のデザインでもある。

小山が借主と家主との間で取り交わす契約書には、その物件／空間ができるに至った経緯を文章化した資料が添付されている。そのストーリーを借主と家主に共有させることでフラットでスムーズな貸借関係をつくりだしている。

目から鱗だった。「契約」という行為の本質が、この作文契約書にはあるのかもしれない。

[2]建築キャラ

建築家と工務店が融合した職能

次に必要なのが「建築キャラ」である。ただし、しっかりした図面が描けるだけでは十分でない。求められるのは、設計から施工、そして簡単な見積もりまでをざっくりでも即興的に提示できることだ。

エリアリノベーションの初期段階では、ほとんどがゲリラ的な活動であるため、お金がないことが多い。限られた予算の中でいかにかっこいい空間をつくるかが問われる。さらに賃貸物件の場合、家賃が発生してしまうので、一刻も早く完成して営業を開始しなければなら

ない。

　こういった場合に、空間のデザインに求められるのは即興性、柔軟性であり、空間の設計を生業にしている人間にとっては大きなジレンマにぶち当たることになる。じっくり時間をかけてプランを検討し図面を描くという、最も大切な行為を半ば諦めなくてはならなくなるのだ。

　現場で必要とされる能力は、どのような材料と工法でつくることが可能なのか、それはおよそいくらでできるのかを、その場で判断することだ。図面を描いて、見積もりを取ってという段取りが、一気に吹っ飛んでしまうのだ。

　かつて、大工の棟梁は当たり前のようにこういう能力を持っていたのだろうが、細分化された職域で教育されてきた僕らはその能力を持ちあわせていない。

　長野・善光寺門前の倉石は、実家が工務店だったこともあり、それができるうえ、不動産会社に勤めていた経験もあって物件の仲介までが可能だ。そうなると、エリアリノベーションにとってはほとんどスーパーマンだ。

　1人にそれらの能力が備わっていない場合は、あらかじめチームアップしておく必要があるだろう。建築家と工務店が最初から組んで現場に臨む。

　東京R不動産が「toolbox」という建材の通信販売サイトをつくった背景にも、社会にこのニーズがあったからだ。お客さんはR不動産で借りた物件を簡単にリノベーションしたい。しかしかけられるお金は100万円以下だったりして、設計図をわざわざ書くほどの予算はない。壁を剥がしたり、床を貼ったり、多少自分で施工してもいいから

安く上げたい。でも、建材などをどこから手に入れたらよいのかまったくわからない。そんな声が多数伝わってきた。それに対応するために、自分で自分の空間を編集することをサポートするしくみをつくらなければならないと思ったのだ。

前述したように、もはや、「計画する人→つくる人→使う人」という近代のプロセスでは、特に経済規模の小さい地方都市のプロジェクトにおいては空間づくりが成り立たない。それらの役割が融合され、使う人がつくり、計画もする。こうした新しい空間のつくられ方が、ますます増えていくに違いない。

[3]グラフィックキャラ

グラフィックデザインが先行してつくる世界観

次に必要なのが「グラフィックキャラ」である。

その街のエリアリノベーションの質感を伝えるため、グラフィックデザインは極めて大きな役割を担うことがわかった。小さく始めれば始めるほど、かっこよく、エッジが立っていないと新しい人材が集まらない。

最も効果的にスピード感を持って街の質感を表現できる手段はグラフィックデザインだ。空間は完成までに時間がかかるし、コストも高い。フットワークの軽いグラフィックデザインで世界観をまず先に表現していくのが効果的だ。

神田・日本橋／CETエリアでは、プロデューサーの佐藤直樹が

6つの街を象徴するグラフィックデザイン

東京神田・日本橋

CETのマップ

岡山・問屋町

各店のプロモーションツール

大阪・昭和町

Buy Localの冊子

尾道・旧市街地

再生した建物のグッズ

長野・善光寺門前

CAMP不動産の冊子

北九州・魚町

リノベーションスクールのロゴ

CETのマップやウェブサイトなどグラフィックデザイン全般をコントロールした。

　岡山・問屋町では、仕掛け人の明石の本職がグラフィックデザイナーだ。

　長野・善光寺門前では、エリアの変化の起点となったシェアオフィス「カネマツ」に入居していたグラフィックデザイナーの太田伸幸が、再生された物件のロゴやフライヤーをつくり、エリアの世界観を提示し、活動を加速させていた。

[4]メディアキャラ

プロモーションの新潮流

　最後に必要なのが「メディアキャラ」だ。キャラといっても、それはSNSや地域メディアなど特定の個人ではなくなっている場合もある。

　エリアリノベーションにとって、新しいメディアがもたらしたインパクトは大きい。かつて情報を広く発信するには、マスメディアを使わざるをえず、大きなコストがかかった。だから小さな主体が仕掛ける活動はダイナミズムを持ちにくかった。

　その後、twitterやfacebookなどSNSの登場によって、小さな個人の発信力が、深度や伝搬力を持つようになった。これによって、街の出来事の情報発信の方法がドラスティックに変化した。どんな小さな出来事、イベントでも簡単にリリースできるようになったからだ。

　そして、大企業のオフィシャルな情報発信よりも、信頼のおける個

人の生々しい一言の方がより大きなインパクトを持つようになった。

　尾道、長野、大阪、北九州などでも、SNSは近年のエリアリノベーションの情報発信の基幹エンジンになっている。

　それでも、特に地方都市で強いのは、口コミのネットワークであるようだ。地方であればあるほど、情報発信の属人性は重視される。

地域メディアの効力

　地域メディアを持っている街はやはり強い。そこには地域の資産がストックされていく。また、さまざまな人脈のネットワークができていく。新しい変化が起きる時は、そこに情報が集まってくる。

　それは、フリーマガジンのようにしっかりとした形式を持ったメディアである必要は必ずしもなさそうだ。地域の状況によって、またそこにいる人々のノリによって、ずいぶんアウトプットの形は違う。

　神田・日本橋／CETエリアの最大のメディアは地図だった。地図は街のどこに何があるかという情報を伝えるだけでなく、スケール感と世界観を表現する最も効果的なメディアだ。

　CETエリアの場合、もう1つの重要なメディアが、立ち上がったばかりのウェブサイト「東京R不動産」だった。このサイトがこの街で仕事や店を始めたい人たちを物件にコミットさせる機会をつくった。CETがR不動産を育て、逆にR不動産がCETエリアの変化を後押しする、補完関係にあった。

　長野・善光寺門前には、ナノグラフィカという編集集団が長年制作してきた「長野・門前暮らしのすすめ」というウェブサイトや『街並み』

6つの街の地域メディア

東京神田・日本橋

東京R不動産

岡山・問屋町

街のパブリックアート

大阪・昭和町

マーケットBuy Local

尾道・旧市街地

空き家再生ワークショップ

長野・善光寺門前

長野・門前暮らしのすすめ

北九州・魚町

リノベーションスクールの
facebook

という小冊子があった。その切り口とクオリティは、この地でエリアリノベーションが始まる前から、全国的に知られており、この存在は大きかった。こうした媒体であらかじめ、善光寺門前での生活の世界観が表現されていたことが、移住者を集め続ける大きな要因になっている。

　北九州では、リノベーションスクールの開催自体がメディアだった。全国からリノベーションに興味がある人材が集まり、SNSでそこで起こるリアルな出来事や熱がどんどん発信され、拡散される。

　この時代において、現場で起こっている強烈な出来事自体が最も強いメディア効果を持っているということを、僕はこのリノベーションスクールで目の当たりにした。

　編集や配信に時間がかかる従来のメディアではなく、その場、その時をリアルタイムで伝え、二次的・三次的な拡散が行われる。個人の生々しい目線が短くブロードキャストされ、その束が結果的に最も説得力のある情報になる。

03　ローカライズ：9つのポイント

　前述の4つのキャラクターの存在が、エリアリノベーションが走り出す車輪の軸のような役割を果たすとするならば、それに乗って起こる街の変化は、環境や規模、人材などによってさまざまな状況へとローカライズされる。

　各エリアでインタビューをするプロセスで、このポイントが徐々に浮かび上がってきた。この章ではそのローカライズのポイントを簡単にまとめ、後の各エリアの詳細を読み解いていくための視点を提示する。

変化の兆し／サイン

　まず、変化への兆しがあること。火のないところに煙は立たない。
　街の変化は、いつもゲリラ的に小さなざわめきを起こすような動きから始まっている。だいたいそれは計画的なものではなく、個人の強い思い込みや素直な欲望によって始まっている。
　予兆を感じる、もしくは予兆をつくる人がいる。文化人類学者の山口昌男の表現を借りれば「トリックスター」ということになるだろう。街は、その変化の種を大切にしなければならない。
　兆しを発見することは、そんなに難しくない。街の中で違和感のある店や出来事。その街の日常から少し逸脱した何か。

きっかけの場所／スペース

　リアルな場所が生まれることで、ぼんやりとした思いの塊が具体的になり、状況が動きだすスイッチになる。

　プロジェクトが動きだす初期段階に主要メンバーが集まり、日々試行錯誤するなかでイメージを共有する場が必ず存在している。そしてその空間は、その後のプロジェクトの空気を予感させる。初期段階のプロジェクトの象徴でもあり、求心力でもある。

　また、街には特異点となる場所がある。それはなぜか、角地であることが多い。視認性が高いのと、周辺よりエッジが効いたいい建物が建っているからだろうか。

　これまで僕は街の変化のスイッチを押した、角地のリノベーションをたくさん見てきた。

　ニューヨークのMPD（Meat Packing District）を変えた最初のスイッチは、大きな交差点の角地の精肉工場がオープンエアのレストランに変わった瞬間だ。

　神田・日本橋／CETエリアにおいても、東神田の交差点にある物件の1階が「フクモリ」という、カフェと食堂の中間のような、街の人も外から来た人も入りたくなる空間になったことで、この街の性格が決定づけられた。

　角地には物語が宿りやすい。

事業とお金の流れ／マネタイズ

6つの街の変化のスイッチ

東京神田・日本橋

UT

岡山・問屋町

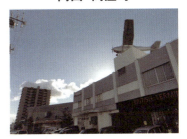

K's TERRACE

大阪・昭和町

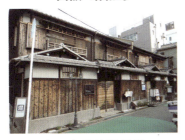

寺西家阿倍野長屋

尾道・旧市街地

ガウディハウス

長野・善光寺門前

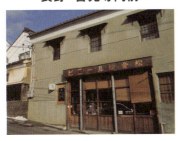

カネマツ

北九州・魚町

中屋ビル

神田・日本橋／CETエリアや岡山・問屋町では、お金やプロジェクトの構造についてほとんど意識されていなかった。それはクリエイターの表現活動の1つであり、マネタイズしたり事業化することに力学は働いていなかった。

　尾道では、街の風景を守りたいという個人の思いで始めた活動が、行政の空き家バンク事業へとつながり、その後民家をリノベーションしたゲストハウスの経営にまで発展している。

　一方、長野や北九州など、2010年以降に始まった活動は、あらかじめ事業や経営の視点が備わっていた。それらの動きは、リーマンショック以降に始まったが、価値観の変化や時代の空気が関係あるのだろう。

　この時期に、エリアリノベーションは表現から事業へとシフトチェンジしている。

運営組織のかたち／オペレーション

　2000年代前半に始まった、神田・日本橋／CETエリアや岡山・問屋町などでは、形式化や組織化への意識は薄く、場当たり的で、個人の欲望と自由を許容する、緩やかなつながりによって組織が成り立っている。いや、それは組織とは呼びにくい雲のような状態だ。

　組織も任意団体で法人格を持っていない。参加しているメンバーにも、まちづくりという意識はほとんどなく、表現手段の1つとして街をフィールドに使っているに過ぎない。

　一方、2010年前後に動きが始まった北九州などの街では、プロジェ

運営組織のかたちの変化

組織化されていない雲のような
クリエイターのネットワーク

株式会社・
NPO等の
法人

役割が明確化し組織化され、
はっきりとした事業主体となる

行政
企業
金融機関

主体が明確なので、関係性を結びやすい

クトが動きだした初期段階で株式会社などへの法人化が行われている。あらかじめ、活動の街への還元が意識されている。

地域との関係／コンセンサス

誤解を恐れずに言うならば、エリアリノベーションの動きと既存のコミュニティとの関係は薄い。古いコミュニティと新しいコミュニティは、空間を共有しながら、違う位相／レイヤーに存在しているイメージだ。

今までのまちづくりは既存のコミュニティとの連携を重視してきた。でもそこには「しがらみ」という魔物が横たわっていて、それに絡まると身動きができなくなる。まちづくりは長らくコミュニティの呪縛の中にあったのかもしれない。

エリアリノベーションの動きは、それに対して距離をとっていることが多く、積極的に無自覚であることを厭わないこともあった。価値観や世代が違うのはわかっているので、お互い敬意を払いながら、淡々と違う位相で物事を進めている。今までのまちづくりとの大きな違いだ。

海外の事例との違いもここにある。たとえばニューヨークのチェルシーやMPD等の場合は、倉庫や工場街など人のいない場所からスタートし、コミュニティを気にする必要はない。だから大胆な変化が起こりやすい。

都市の規模によっても濃淡はある。東京の神田・日本橋、北九州といった人口100万人以上の大都市では、人の多さが地縁を薄めて

地域との関係の変化

もつれた「しがらみ」の中に取り込まれ身動きしずらい

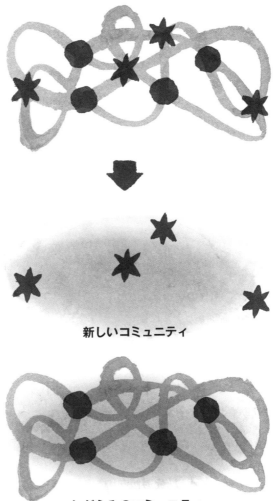

新しいコミュニティ

しがらみのコミュニティ

違う位相／レイヤーのまま平和に共存

いる。一方、尾道や長野など20〜30万人規模の街では、古くからの地縁も強く、既存コミュニティに温かく見守ってもらえる距離感を上手く保っている。

商業地である限り、新旧のコミュニティの利害は究極的には一致している。どちらも商売なので、人が来て、消費行動をとってくれることに帰着する。最初は価値観が平行線でも、時間が経てばそれは自然と1つの流れに馴染んでいく。

無理な融合よりも、淡々とした継続による自然な調和、それがエリアリノベーションの適切な地域との関わり方だと言っていい。

行政との関係／パートナーシップ

初期のエリアリノベーションは、まったくと言っていいほど行政との関わりあいがない。活動を始めたのが、クリエイターなどおよそ行政との相性が良くなさそうな人種だったからかもしれない。

しかし、その活動がリアルに街の風景を変え始めた。行政の政策では動かなかった街が、行政的手法とはまったく異なる方法で、短期間に変化した。

クレバーな行政マンはそれにいち早く気がついている。行政自身も、今までの補助金体質をもはや続けることができないことはわかっている。

北九州では、行政施策との連携が活動当初より意識されていた。プロジェクトのミッションが衰退傾向にある街の再生であり、その手段としてリノベーションが選択されているからだ。現在、北九州ではリ

ノベーションによるまちづくりが行政政策の1つとして明記されるまでになった。

エリアリノベーションが都市計画／都市再生の有効な手立てであるということが意識化されているのだ。

プロモーションの手法／プロモーション

プロモーションの手法は、各エリアで多彩な工夫を見ることができる。どの街もプロモーションにかける予算は限られているので、いかに安く効果的な手法を編みだすか、その試行錯誤が興味深い。

尾道や長野・善光寺門前のような、街並みに特徴がある場合は、街歩きのイベントが重要なプロモーション機能を果たしている。実際に街を体験してもらうことほど強いメッセージはないだろう。これをきっかけに出店や移住に踏み切った人は多いようだ。

規模がそれほど大きくない都市では、何よりもこの体験型のプロモーションが効いている。最近では参加者たちがSNSで、リアルタイムにそこでの経験を拡散してくれる。これも安価で説得力のあるメディアだ。

神田・日本橋／CETエリアでは、地図がプロモーションの中心になっていた。地図は、バラバラの状況、出来事、場所、人々などの情報を、塊として編集するのにうってつけの媒体だ。いったん1枚の大きな紙にまとめあげることで、なぜかエリアの一体感が醸成される。

同時に、テレビや新聞など既存マスメディアの活用も侮れない。マスメディアで報道されることは、行政や上の世代にとっての安心感やエスタブリッシュ感を与えるのに効果的に働く。

新旧メディアの組み合わせによるプロモーションはさらに重層的になっている。

エリアへの波及／インパクト

囲碁の打ち手のように、街のツボとなるような場所がリノベーションされ、活気を帯びれば、後々必ずそれらはつながり、面となる。その変化の点は離れすぎていてはいけない。最初はまとまってコンパクトに、集中して起こった方が効果は大きいようだ。

岡山・問屋町の明石は1つのストリートにターゲットを絞り、通りを挟んで数十メートルごとに右、左、右と交互に空きビルをテナントで埋めていった。「その間は、後で自動的に埋まっていく」という確信があったようだ。

エリアにホットな場所ができれば、そこが自ずと中心となり、段階的に周辺もあったまってくる。最初は欲張りすぎずにコンパクトなエリアから始めることが重要だと、6つの事例が語っている。

小さく、小さく、手数で勝負。特に地方都市においては、それが大原則。そして、他の誰かがつい参画してみたくなる隙間をたっぷり用意しておくことが、エリアへの波及を促すことになる。

継続のポイント／マネジメント

エリアリノベーションが継続し、街に定着していくプロセスにもいくつかの形があるようだ。

まず、勝手に自走し始めるパターン。神田・日本橋／CETエリアでは、イベントによる変化の兆しを、東京R不動産というメディアが加速させ、その後の出店ラッシュと継続的なリノベーションを支えていた。CETというイベントは消滅したが、変化は緩やかに連続し、日常へと還元されている。

　次に、エリアリノベーション自体が民間組織の事業として成立するようになるパターン。長野・善光寺門前のMYROOM、尾道のNPO法人尾道空き家再生プロジェクト、大阪・昭和町の丸順不動産は、不動産仲介、空間の設計・施工、拠点となる施設の運営などエリアリノベーションをめぐる一連の業務がビジネスとなり、継続的な街の変化のエンジンとなっている。

　また、近年ではリノベーションの動きが行政政策の重要な柱として組み込まれ始めた。北九州ではリノベーションスクールが継続的に開催され、「リノベーションによるまちづくり」が市の政策の中に明記されている。公民が連携しながら少しずつエリアを拡張させているだけでなく、それが全国の自治体にとってのモデルタイプにもなりつつある。

　これらは一見バラバラのように見えるが、いくつかのポイントがあるようだ。

　まずは、街に新しい参画者やチャレンジを歓迎する空気があり、適度にサポートし、適度に放任してくれる雰囲気があること。また、強すぎるリーダー／中心がなく、緩いネットワークがエリアを覆っていること。求心力と遠心力がバランスよく働いている状況だ。そして何より、1つ1つの動きが自律的であることだ。

04　計画的都市から、工作的都市へ

産業構造の風景化

　都市の風景とは産業構造がビジュアル化されたものではないだろうか。だから、都市の風景を変えようとするならば、その街の産業構造を変えるしかない。

　20世紀の都市風景は、大きな産業構造の変化によってもたらされた。それは強固で磐石で、安定的なイメージを持っていた。しかし、いつしか僕らは、それに危うさや、何らかの不可逆性／やり直しのきかない不自由さのようなものを感じ始めていた。

　20世紀の終りに流行った、軽く薄く爽やかな建築や都市の風景は、既存概念への抵抗や危機感がビジュアライズされたものだと思える。僕らの都市は軽く柔らかいイメージを求めていた。でも、イメージだけでは産業構造は変わらなかった。

　そして僕らは、イメージだけではなくリアルな都市の産業構造までを変えてゆく新しいデザイン、方法論を探し始めた。

　日本の、特に地方都市の産業構造のあり方は変化を余儀なくされている。このまま人口が減り続ければ、間違いなく大資本は手を引かざるをえなくなる。大資本の本能は、常に投資に対しての合理的なリターンを求めてしまう。人口集積がある一定量を切った時、彼らはそこにいられなくなってしまう。善悪の問題ではなく産業構造の問題だ。

シンプルな1つの渦から
小さな無数の渦の集合体へ

行政主導の大きな開発で経済を回す

小さな経済の渦がシンクロし、
相互に干渉・共鳴して面となる

だとするならば、次にとるべき行動の選択肢は自ずと見えてくる。小さな産業を自分たちでつくり、新しい産業の循環をエリアで生みだすことだ。それをできるだけ素早く、できるだけたくさん、できるだけ確実につくっていく。かつてのように、大きな産業の渦を誰かがつくるのを待っていては、その街には何も起こらない。

　小さな産業の渦は、おそらく次の小さな渦を生むだろう。それらが干渉しあい、共鳴してつながってゆく。いつしか無数の小さな産業がモザイク状に散らばり、それが新しい都市の風景をつくる。

工作的都市の出現

　こうして立ち上がる新しい都市の風景は、もしかすると20世紀のように整った美しさを持ったものではないのかもしれない。おそらくそれは雑多で、ノイズに溢れている。バラバラの個性や小さな欲望が衝突を繰り返しながら熱を帯びる。統一的なイメージはなく、多様性が容認される、いい意味でいい加減な風景。

　計画の概念が通用しなくなった時、それらをパッチワーク状に張り合わせていつの間にかできあがる都市。それを「工作的都市」と呼んでみる。

　20世紀的秩序から考えれば、それはもはや都市とは呼べないかもしれないし、デザインされたとも言いがたいのかもしれない。

　でも僕がこの本を書くにあたり見てきた風景は、どれもそんな感じだった。そしてそこに、これから僕らが選択すべき都市の素直な未来を見た。

第2部

エリアリノベーションの実践

6つの街の代表的なプロジェクト

	01 東京都 神田・日本橋	02 岡山市 問屋町	03 大阪市 阿倍野・昭和町
2003	CETスタート UT/Untitled Open A設立 東京R不動産オープン REN-BASE	K's TERRACE	
2004	RE-KNOW東日本橋		寺西家阿倍野長屋
2005		ANACHRONORM	金魚カフェ 桃ヶ池長屋
2006		Johnbull Private Labo suple	どっぷり、昭和町。スタート
2007	アガタ竹澤ビル		
2008			
2009			
2010	CETクローズ		
2011			
2012		問屋町のコンセプト、 ロゴ、マップ作成	昭南ビル むすび市スタート
2013			Be Local Partners結成 Buy Localスタート
2014			
2015			
2016			

04 尾道市 旧市街地	05 長野市 善光寺門前	06 北九州市 小倉・魚町
	ナノグラフィカ設立	
旧和泉家別邸（ガウディハウス）購入 尾道空き家再生プロジェクト設立		
尾道空き家再生プロジェクトを NPO法人化		
北村洋品店 尾道空き家バンク事業受託	カネマツ	
	MYROOM設立 1166バックパッカーズ 空き家見学会スタート	小倉家守構想検討委員会設置
		小倉家守構想策定 メルカート三番街 フォルム三番街 第1回リノベーションスクール
あなごのねどこ		北九州家守舎設立 ポポラート三番街 MIKAGE1881 三木屋
	CAMP不動産スタート 東町ベース	ピッコロ三番街 COCLASS
		Tanga Table
みはらし亭		

01

東京都神田・日本橋

馬場正尊

ばば・まさたか

Open A 代表／公共R不動産ディレクター／東北芸術工科大学教授。1968年生まれ。早稲田大学大学院建築学科修了後、博報堂入社。2002年Open A Ltd. を設立。建築設計、都市計画まで幅広く手がけ、ウェブサイト「東京R不動産」「公共R不動産」を共同運営する。建築の近作に「Reビル事業」「佐賀県柳町歴史地区再生」「Shibamata FU-TEN」など。近著に『公共R不動産のプロジェクトスタディ 公民連携のしくみとデザイン』『CREATIVE LOCAL エリアリノベーション海外編』『エリアリノベーション 変化の構造とローカライズ』など。

| 変化の兆し SIGN |

CETとはデザイン、アート、建築の観点からエリアを再発見＝創造するための運動体であり、イベントであり、エリアの名称でもあった。

　CET(Central East Tokyo)とはかつて東京の中心部であったエリア(神田、日本橋、馬喰町、横山町、人形町、八丁堀あたり)を、デザイン、アート、建築の観点から「再発見＝創造」するための運動体であり、このエリアで開催していたアートイベントであり、このエリアを指す名称でもあった。

　CETは、2000年に始まった「東京デザイナーズブロック(Tokyo Designers Block、TDB)」の東版を開催しようと集まった仲間が2003年に立ち上げた。IDÉEの黒崎輝男が始めたTDBは東京の西側、いわゆる渋谷や青山のカフェやアパレルショップなどの店先にデザイナーの家具やプロダクトを展示するイベントだ。デザイナーの新作を並べることで、ショップにとっても集客効果があり、デザイナーにとっても自分の作品が多くの人に見てもらえる、双方がハッピーになるその仕掛け、イベントの構造が非常によくできていた。僕らは、東京の東側でTDBをやろう、しかもアパレルショップやカフェではなく、空き物件をジャックしてやろうと盛り上がった。

　CETが始まる1年前、僕はキュレーターだった原田マハと建築写真家の阿野太一と一緒にアメリカにリノベーションのケーススタディを取材に行き『R THE TRANSFORMERS 都市をリサイクル』という

本にまとめた。

　アメリカでは、若いクリエイターたちのゲリラ的な動きによって、建物だけでなくエリアがドラスティックに変わっていくシーンにいくつも出会った。

　たとえばロサンゼルスのチャンキン・ロードという寂れた中華料理街に若いアーティストたちが越してきて、アトリエやギャラリーが建ち並ぶアートディストリクトになっていた。ニューヨークのDUMBO（Down Under the Manhattan Bridge Overpass）エリアも、昔は相当危険な倉庫街だったのが、アートギャラリーなどがたくさん集積するエリアになっていた。最初はアーティストたちがスクウォッタリング（不法占拠）感覚で空き物件や路上をジャックし始め、8000人を集めたアートフェスティバル（DUMBO Art Festival）をきっかけに、一気にそのエリアが注目されるようになった。ニューヨークのMPD（Meat Packing District）は、今では世界最大のアップルストアがあるほどメジャーなカルチャーエリアになっているが、僕が訪れた頃はまだ、名前のとおり精肉工場街で、その独特の匂いの漂う通りに忽然と最先端のアクセサリーショップやアパレルショップが現れるというギャップに驚いた。

　アメリカへの旅を通して、エリアの既存の文脈とそこで起こっている新しい動きのギャップ、そして人々がそれを楽しんでいる感覚にとてもインパクトを受けた。現地の建築家やアート関係者に話を聞きながら、場所の可能性を発見し覚醒させることは建築家の重要な職能なのだと実感した。そして自分も点の建築だけではなく、こういう都市の楽しみ方、街というフィールドを使った表現をやれないかと思いながら帰国した。

ニューヨークのDUMBOエリア

2003年、CETは東京の東側のエリアで10日間だけ街全体をギャラリーにするイベント「東京デザイナーズブロック・セントラルイースト（TDB-CE）」としてスタートした。それはまさにニューヨークやロサンゼルスで見た、アーティストがゲリラ的に空き物件を表現の場にしていた活動とTDBのフォーマットを掛け合わせたものだった。

きっかけの場所-1　SPACE

「UT/Untitled」
コンクリートの空間を白く塗るだけの操作、リノベーションって、このぐらいの気楽さでいい。

　2003年、僕は自分の事務所を中目黒から日本橋の裏通りに移した。当時仕事で付き合いのある複数の人たちから「中央区は便利なのに地味で、空き物件がたくさんある」という情報を耳にしていた。実際に日本橋の裏通りを歩いてみると、東京駅からワンメーターとは思えないくらい空きビルが目立ち殺伐としていた。地名の知名度は抜群であるにもかかわらず、スカスカの街。そういう場所こそ、大きなポテンシャルを秘めている。僕は職業柄、そういう街の色気みたいなものを見分ける勘が働く。

　まずはゼロから自分でリノベーションをしてみようと思い、空き物件を探し始めた。このエリアの不動産屋を片っ端から回ったが、ほとん

ど相手にされなかった。提示した条件が「改装OK」「倉庫っぽい」「古くてもいいから安い」「原状復帰義務なし」などなど、不動産屋の常識から外れたものばかりだったからだ。

　それでもようやく見つけたのが、今の事務所がある物件（中山倉庫）だ。日本橋の裏通りで、家賃10万円のコンクリートブロックの空箱。不動産屋では「駐車場」としてファイルされており、1階は駐車場、2階は倉庫として使われていたため、電気もガスも水道もない。リノベーションがまだ一般的でなかったこの頃、「何もないこの空間を再生できれば、ほとんどの空間はなんとかなる」と思える格好の場所だった。

　日本橋はもともと流通や商業の中心地で、表通りの繊維問屋や商店は裏通りに倉庫を持っていた。しかし、物流の合理化と商業の郊外化によって倉庫は不要になり、その多くが空いていた。倉庫兼駐車場だった物件は、神田駅から徒歩5分足らずという圧倒的な利便性にもかかわらず、60平米、つまり20坪10万円、坪5000円という破格の安さだったのだ。

　最初「この物件をオフィスにしたい」とオーナーさんに言っても信じてもらえなかった。そこでCGで完成予想図をつくって、オーナーさんを説得した。そして住宅金融公庫で200万円ほど借り、給排水や空調設備を整備し、コンクリートブロックの空間を白く塗って、ガラスをはめた。このシンプルな操作だけで空間自体がガラッと変わった。「リノベーションって、もしかしたらこのぐらいの気楽さでいいのかもしれない」と思うと同時に、こういう社会的ニーズはもっとあるはずだということを体で確信していった。

　当時「UT/Untitled」と呼ばれていたこの場所が完成したのと同時

に、僕は自分の設計事務所「Open A」を開き、不動産流通サイト「東京R不動産」を立ち上げた。この小さな空間はCETと同時進行で生まれ、その後数々の活動の起点となった場所だ。

きっかけの場所-2 SPACE

「REN-BASE」
空き物件を活用して、新しい産業を生みながら街をマネジメントする「家守」を復活させる。

　もう1つ、CETにとって重要なきっかけの場所がある。それが、都市再生プロデューサーの清水義次（アフタヌーンソサエティ）が偶然にも同じタイミングで立ち上げた「REN-BASE」。清水は神田駅西口商店街で老朽化した空きビル（大蕃ビル）の1フロアを借りて、それを自分のオフィス兼シェアオフィスにリノベーションしていた。

　清水は、衰退エリアの空き物件を活用して、新しい産業や雇用を生みながら街をマネジメントする職能として「現代版家守(やもり)」を提唱していた。家守とは、落語に出てくる長屋の大家のことで、江戸時代、土地や家屋を管理し、町人の面倒をみて、街をマネジメントしていた職能。清水はそれを現代に復活させようと、自ら「神田RENプロジェクト」の活動を始めた。その拠点が「REN-BASE」で、後にCETの事務局としても使われるようになる。

日本橋エリア

UT、改修前の倉庫兼駐車場（上左）、改修後（上右、下）

01／東京都神田・日本橋

僕と清水は、アートディレクターの佐藤直樹(Asyl)を介して知りあった。出会った当初は、システムやマネジメントから物事を見ている清水と、完全にデザイン欲求だけで動いている自分は、まったく違うフェーズにいると思っていた。ただこのエリアで、古い建物をリノベーションして活動を始めたということですぐに意気投合した。

事業とお金の流れ　MONETIZE

マネタイズということに対してまったく意識がなかった。

　アートと不動産物件という、少なくともそれまでは同じフィールドで語られることのなかった両者を必然性をもってくっつけることが、CETの根幹を支えるしくみだ。

　このエリアに散在する空き物件を10日間、アーティストに無料で開放してもらえば、観客がその物件を気に入って借り手になってくれるかもしれないという仮説を立てた。この仮説が成立すれば、アーティストにとっても、オーナーにとっても、もちろんイベントを楽しむ観客にとっても、三者がハッピーになる構造だ。

　そして空きビルのオーナーたちを説得することから始めた。「10日間だけこのビルをアーティストの作品を展示するためにタダで貸してください。多くの人がアート作品と一緒にあなたのビルを見にきます。

もしかするとこのビルを借りてくれる人が出てくるかもしれません」。

ところがこの仮説は最初からつまづく。スカスカ空いているように見えた物件は、どこに行ってもオーナーから「空いていない」と門前払いを食らった。

少しくたびれて借り手のつかない古い物件に、オーナーたちはどうしようもなく手をこまねいている場合が多い。そこに突然現れて「味のあるボロ物件ですよね」と欠点を褒めるクリエイターたちは、訳のわからない存在だったに違いない。日本橋も神田も、江戸時代から続くコミュニティだから、ある意味、閉じた社会で、古い体質が残っている。そこにいきなりアーティストやクリエイターたちがやってきて、場所を貸してほしいと言っても怪しすぎて貸してくれるはずがない。

そんな状況を変えてくれたのが、地元でタオル製造卸業を営む鳥山和茂(元・日東リビング株式会社代表)だ。彼と一緒にオーナーに会いに行ったら、一気に貸してくれるようになった。

このエリアで一躍有名になったのが「アガタ竹澤ビル」。もともとはオフィスと住居が混在した、築40年の古ビルで、発見した時には80%くらいが空いていた。CETではその目立つ外観からメイン会場として使われ、地下に入っていた麻雀店の廃屋をクラブにして大音量で音楽を流したり、散々やんちゃをやらせてもらった。CETをきっかけに、この物件に興味をもった人たちの中から次々に借り手が現われ、オーナーもこのビルのポテンシャルに気づいて積極的に貸しだすことに方向転換し、大規模なリノベーションを決断してくれた。結果、「FOIL GALLERY」「TARO NASU」「gallery αM」といった著名なギャラリー、ジュエリーショップ、雑貨店、デザイン事務所などが入居し、

このエリアのシンボリックな場所となった
アガタ竹澤ビル

TARO NASU

CETの発展を牽引するシンボリックな場所となった。

　CETを始めた頃、運営メンバーは資金のことを恐ろしいほど何も考えていなかった。全員が手弁当で自分の役割を果たしていた。たとえば、地図などグラフィックツールはプロデューサーの佐藤の事務所Asylが作成し、書籍の文章は僕が執筆するという具合にソフトウェアの部分は基本、すべて手弁当だった。

　地図やフラッグ等の制作費用、サーバーのレンタル費など必要経費が発生したら、まるで狩りに出かけるように、自分たちの本業でお世話になっている企業にプレゼンに行って広告費をとってきた。それでも、最初は総額で数百万円ぐらいしか集まらなかった。そういう意味では、マネタイズということに対してまったく意識がなかった。

運営組織のかたち　OPERATION

現場に任された多極ネットワーク型の構造、CETはこういうフラットソサエティによって成り立っていた。

　東京のあちこちで同時多発的に起こっていた都市再生プロジェクトを仕掛けていた人たちが出会い、CETという活動体が生まれた。発起人の佐藤直樹が統括プロデューサー、清水義次がアドバイザー的な顧問、そして僕、原田マハ、みかんぐみの竹内昌義、テレデザインの

田島則行ら、デザイナー、建築家、都市計画家、キュレーターなどさまざまな職能のメンバーがディレクターとして参加していた。清水は地域との関係や行政との関係など、大きな意味での社会との関係性を語る人だった。佐藤はクリエイティブ全般のプロデューサーで、CETのノリを形づくる人。その参謀的な役割で、ディレクターたちが企画、デザインなどをサポートしていた。

ここで重要なキーパーソンだったのは、前述した鳥山和茂だ。東神田で生まれ育ち、地元の商店街や祭りを仕切っていた鳥山は「今、問屋街がどんどん空いていって元気がない」という問題意識をもっていた。そんな時僕らと出会って、「俺のやりたかったことはまさにこんなことかもしれん」と共感し、CETの実行委員長を引き受けてくれた。

東京の西側ではなく、空き物件だらけのスカスカした東側の街。でも交通の便がよく、歴史的な背景がしっかり根づいている神田や日本橋エリア。CETを始めたメンバーたちは、出自や志向性は微妙に違ったが、このエリアにポテンシャルを感じていたというところでは妙に響きあうものがあった。

しかしCETは結局、きちんとしたマネジメント組織をつくらなかった。組織をつくった瞬間に、その組織を維持させなければという力学が働く。メンバー全員が本業をもっていたし、その組織を維持するということに労力を割くことには抵抗があったのかもしれない。バランスのとれた人材が集まり、誰が指示を出すわけでもなく、それぞれが全体の中でのポジションと役割を発見し、現場判断で動いていく。多忙なメンバーは集まることもほとんどなく、膨大なメーリングリストで互いの状況を把握しながら、それぞれのプロジェクトを動かし、全体の進

東京都神田・日本橋／CETエリアの4つのキャラクター

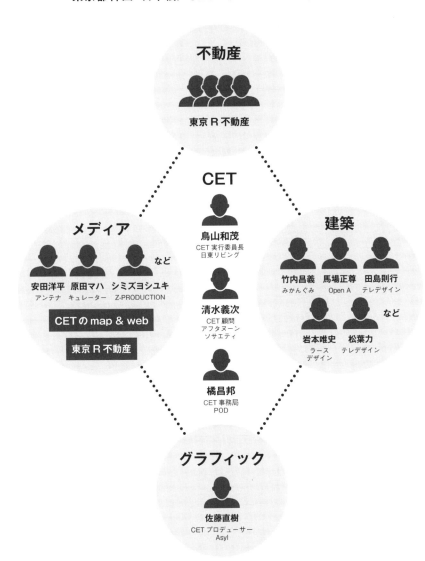

CETで起こった出来事

捗を共有する。

　メンバーのキャスティングの構造は、十数名のディレクターが何らかの大きなコンテンツの責任者となり、彼らを数名のインターンが支える。各プロジェクトの進捗や全体の予算の集約、インターンの派遣などは事務局が担うが、ほとんどが現場に任された多極ネットワーク型の構造をもっていた。

　CETはこういうフラットソサエティによって成り立っていた。コンセプトの求心力、都市を使って実験しようという情熱に対してのみ集まった個人の集合体だった。

地域との関係　CONSENSUS

このエリアを支えているインフラは神田祭。
僕らは既存のコミュニティを尊重して
適応していく必要があった。

　CETに参加しているクリエイターたちを、地元の人たちは最初「エイリアン」と呼んでいた。収益をあげられるイベントでもないのに、一心不乱に空きビルの壁に絵を描く人、ビルオーナーの説得に駆け回る人、イベントの運営を支えるボランティア……。僕らが何を目的に、何をモチベーションに、これほど熱心にイベントに取り組むのか、地元の人たちにとっては不可解だったに違いない。

そんなクリエイターと地域をつなぐ仲介役になってくれたのが、地元の鳥山だった。「要するにこいつらのやりたいことはさ、新しいタイプの祭りみたいなもんなんだよ」と、僕らの想いを地元の人たちに翻訳してくれた。

その時に、このエリアを支えているインフラは神田祭だと気づいた。このエリアには、祭りで一緒に盛り上がる熱いネットワークがあり、それが地域のコンセンサスを得る決定的なインフラとして機能していた。商売や仕事といった経済的な付きあいではなく、祭りという、ある種馬鹿なことを一緒にやる連帯感の重要さに、初めて気づかされた。

CETはアメリカで見たアーティストたちがゲリラ的に街を変えていく手法と通じるものがあるが、決定的に違うのは、このCETエリアには既存の強いコミュニティと文化があることだ。文脈の途絶えたスカスカの街に勝手に入り込んでいくのとは訳が違う。僕らは既存のコミュニティを尊重して適応していく必要があった。

最初は戸惑っていたオーナーたちも、アーティストたちが古い物件をうまく使いこなすプロセスを見て、少しずつ理解を示してくれるようになった。だから1年目は難航した物件探しも、年を重ねるごとに少しずつ楽になっていった。

そういえば、CETは最初「TDB-EAST」と呼んでいて、地元の商店街の人たちから怒られた。「ここはイーストじゃねえ。東京の真ん中だ。イーストっていったら隅田川の向こうだろう。イーストって言うなら手伝わねえ」。日本橋や神田で生まれ育った人たちから見ると、渋谷や中目黒などは「あれは果てだ」くらいの勢いだ。でも僕らの感覚では、ここを東京の中央とは言えなくて、間をとって「Central East」と呼ぶ

出来事・作品のアーカイブ　　　物件・空間のアーカイブ
　　　　　　　　　　　　　　物件流通のエンジン

〈CET〉

〈東京R不動産〉

ウェブサイト
情報のアーカイブ

マップ
ガイドブック
持ち歩くツール

メーリングリスト
情報の共有・拡散
クチコミネットワーク

ネットワーク・全体像を把握

現在では facebook や twitter

三種のメディア

CETで配布していたエリア地図

ことにした。

行政との関係 `PARTNERSHIP`

行政との関わりを避けたCETは、表現の独立性は保たれたが、都市の施策としては機能しなかった。

　行政とはまったく関係のないところで活動をしていたのもCETの特徴だ。やっていることがめちゃくちゃすぎて、行政には理解されなかったし、行政と組むという発想もメンバーにはなかった。

　公園を借りたり、道路を封鎖してファイナルイベントをやる時に、役所や警察に許可をとりに行ったら、最初はまったく相手にされなかった。「日本の行政ってこんな不自由なことになっているんだ……」と僕が最初に痛感したのもこの時だ。それを突破してくれたのが鳥山だ。「地元の新しい祭りが1個増えたから、何月何日、道路封鎖するわ」という彼の一言であっさり許可が下りた。

　CETでは表現の自由を獲得するため、行政との関わりはなるべく避けたかった。だからこそ、CETは表現の独立性は保たれたが、都市の施策としては機能しなかった。CETは行政と切り離されたまま、民間が勝手にやっているお祭りとして認識されていた。

プロモーションの手法　PROMOTION

圧倒的に有効だったのはメーリングリスト。
登録人数はどんどん増え、
情報は水の波紋のように広がっていった。

　プロモーションに関しては大きく、地図、メーリングリスト、ウェブサイトという3軸があった。

　エリアの地図は、CETの表現媒体であり広告媒体でもあった。毎年Asylが制作する地図には、空き物件と出展するアーティストの作品がマッピングされ、とてもクオリティが高かった。地図を表現の中心に据えていたというところからも、CETというイベントがエリアを強く意識していたことがわかる。

　また、この時代に象徴的なインパクトがあったメディアは、メーリングリスト（ML）だった。当時、MLがポピュラーになり始めていた頃で、メンバー間の情報共有や意見交換にとってなくてはならないツールだった。イベントの情報をMLで流すと、それを見たメンバーが友人に転送し、その友人がまた別の友人にと、情報が水の波紋みたいに広がっていく。マスメディアとは全然違う情報の伝達手段が出現したのだ。CETで最も有効だったプロモーションは、圧倒的にメーリングリストだった（今ならfacebookやtwitterだろうが）。それはフェース・トゥ・フェースで、コミュニティを顕在化させるメディアだった。

　もう1つ、物件の流通という意味で機能したのが、2003年に立ち

上がったばかりの「東京R不動産」だった。空き物件をオーナーたちから借りる時に「もしかするとこの物件、イベントが終了した後に借り手が出てくるかもしれませんよ」と言っていた手前、オーナーたちの恩に報いるために、僕は半ば強迫的な気持ちで、物件情報を東京R不動産に次々にアップし始めた。

　こうして、CETのイベントでいろいろな物件を見た人が、東京R不動産で物件を借りていくという流れができあがった。ただ情報が載っているだけでなく、そこに「借りられる」という行為が発生した瞬間に、具体的な経済活動が起こる。CETというイベント、東京R不動産、神田・日本橋のエリア形成の立ち上がりは、結果的に連動していく。

エリアへの波及　IMPACT

点のリノベーションは相互に情報を発信して、共鳴しあい、いつしか面／エリアに展開していった。

　CETをきっかけに、沈滞していたこのエリアの物件がじわじわ動きだした。

　僕自身は、「UT」を皮切りに、このエリアでは7〜8件くらいリノベーションしている。その1つが「RE-KNOW(リノ)東日本橋」。競売で落とされたビルを1棟丸ごとリノベーションした。もともとタオルの卸問

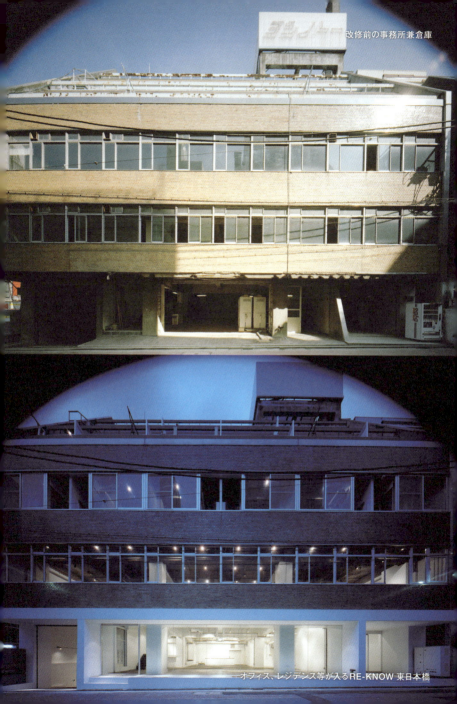

改修前の事務所兼倉庫

オフィス、レジデンス等が入る RE-KNOW 東日本橋

屋倉庫／事務所ビルとして使われていたが、発見された時は使われ方がわからないほど廃墟と化していた。それをオフィス／レジデンス／スタジオが入居するビルにリノベーションした。スケルトンにしたラフな空間に必要最低限の設備を家具のようにポンと配置する、ミニマム・コンバージョンを行った初期のビル。

　CETの会場にしていた空き物件がカフェや美容室やギャラリーになり、1つまた1つとリノベーションされて、具体的なテナントが入居し始める。点のリノベーションが次々に起こり、街に新しい事業者、プレイヤー、コンテンツを誘発していった。結果、10年間で、新しいテナントや入居者が入った物件は100件を超えた。

　CETという出来事の毎年の集積によって、街が少しずつ変わっていくのをリアルに感じられたことが、メンバーたちのモチベーションにもなっていた。

　その時にとても重要な気づきがあった。これからの都市計画は、こんな風に行われるのが現実的なのではないか。今までの20世紀型の都市計画というのは、マスタープランや理想的なゴールを描き、それに向かってスタートを切るものだった。成長の時代においては、それは合理的でスピーディで、正しい方法だった。しかし今は、市民も多様になり、情報の伝達も多方向になり、また経済状態も昔のように上昇基調にはないから、あるゴールを設定して、それに一斉に向かうという方法はとりづらくなった。だとすると、状況に即しながら現実的な措置を毎年毎年積み上げていくという、演繹型ではなく帰納型の都市計画みたいなものが時代に即しているし、実はCETはそれを実践していたのではないか。

点のリノベーションは相互に情報を発信していくので、共振・共鳴しやすい。それが重なると、1つまた1つと共鳴するリノベーションの点がつながりあって、いつしか面になり、それがエリア全体の変化を促していく。この変化のプロセスが、新しい時代の都市計画、まちづくりではないか。僕はCETの中盤以降で、その変化の構造に気づいた。

継続のポイント　MANAGEMENT

CETは表現の場だったが、次の都市計画やまちづくりに必要とされるリソース、ノウハウ、スピリットが散りばめられていた。

　2003年のTDB-CEは、24カ所70ブースの会場で開催され、70組100名のアーティストが参加、約3万人の来場者を集め、大成功をおさめた。その後、回を重ねるごとにイベントの知名度も増していった一方で、面白い空き物件に入居者が決まり、展示会場がどんどん減り、イベントが盛り上がらなくなっていった。メンバーにとってCETは変化のダイナミズムを楽しむ場だったはずが、その変化が徐々にエリアに定着していって、実験＝非日常が日常化していった。それは街にとってはとてもプラスなことだが、変化の刺激を求めているメンバーにとっては、自分たちの役割の終わりを感じることにつながっていった。そして、CETはスタートから8年目、2010年にその幕を閉じた。

カフェ兼定食屋フクモリ

イタリアンカフェbigote

上:INHIGH、改修前のビル(左)、改修後の住宅(右)
下:栃木県益子のショップ・スターネット東京店(右)、改修前はCET SHOPとして利用(左)

非常に重要なことは、僕らはCETを都市計画だともまちづくりだとも思っていなかったということだ。僕らにとってCETは表現の場でしかなかった。

　たとえばアートの世界ではアンデパンダン展（自分が描いたものを出したい人が自由に出せるフリーな展覧会）という有名な手法があるが、CETは街を舞台にそれをやる感覚だった。だから、その行為自体が最も刺激的な表現であり、街や空き物件はそのための敷地、キャンバスでしかなかった。でも、だからこそ実験ができたと思う。最初から、まちづくりや都市計画みたいなものを意識していたら、こういう破天荒な出来事は多分起こらなかった。

　CETは、まちづくりや都市計画とはまったく関係のない文脈で始まり、終わっていったが、その一連の実験の中に、次の都市計画やまちづくりに必要とされるリソース、ノウハウ、スピリットみたいなものがたくさん散りばめられていたということが、今振り返るとわかる。関わったメンバーは、そこで成功したり失敗したことを拾い上げて、それを構造化して、今の活動につなげていっているのではないか。そういう意味では、CETは不安定な大いなる実験場だった。

①　東京都神田・日本橋

変化の兆し
神田・日本橋の裏通り、流通構造の変化で問屋街に空き物件がかなりあった。都心に倉庫のような魅力的な空間資源を発見。

きっかけの場所
Untitled／Open Aの仕事場、東京R不動産発祥の場所。
REN-BASE／アフタヌーンソサエティが主催したシェアオフィス。

事業とお金の流れ
資金源はイベントに対する企業協賛。

運営組織のかたち
CET実行委員会／任意団体。
多極ネットワーク型、個人の自律性に委ねられた柔軟なチーム。指揮系統はあえて適当。

地域との関係
多層レイヤー型。
異なる性質のコミュニティがエリアに共存。お互いが適度な距離感を保つ。

行政との関係
なし。

プロモーションの手法
CET MAP／エリアの地図。CET website／イベント情報が集約。メーリングリストによる情報の共有拡散。東京R不動産。

エリアへの波及
8年間のイベントの継続により、100件程度の空き物件がアトリエ、カフェ、物販店などで埋まる。東京を代表するクリエイティブディストリクトへ。

継続のポイント
街を表現のフィールドと考え、まちづくりとしての継続性はあまり意識されていなかった。

02

岡山市問屋町

明石卓巳

あかし・たくみ
クリエイティブディレクター／ルクスグループ代表。1968年岡山市生まれ。流通系企業や電機メーカー勤務を経て独立。1998年株式会社レイデックス、2015年株式会社ルクスを立ち上げる。企業やサービスのブランディング、店舗開発、商品開発、グラフィックデザイン、ウェブデザイン、商業施設のリノベーションなど、さまざまなプロモーションを手がける。

変化の兆し SIGN

「ここは日本っぽくない。
どこにもない、新しい街をつくりたいんだ」。
先輩のこの言葉がずっと気になっていた。

「ここは日本っぽくない。どこにもない、新しい街をつくりたいんだ」。空きビルの目立つ岡山市問屋町(といやちょう)の可能性に誰も目を向けていなかった13年前、この街の可能性をすでに感じとっていた先輩がいた。

僕は小学生の頃からグラフィックデザイナーに憧れていた。家の近所の看板屋さんの仕事をしたくて、そのおじさんが教えてくれた職業だ。ただ最初からグラフィックデザイナーとして働き始めたわけではなかった。まず18歳で中国地方を中心にスーパーやショッピングセンターを手がける流通系企業に就職し、販促企画の部署でマーケティングやリーシングに取り組んだ。さらに電機メーカーの営業職を経験した後、1998年、30歳の時に1人でデザイン会社REIDEX(レイデックス)を立ち上げた。

当時、グラフィックデザイナーを志す者はアトリエや企業に入って師匠につくのが主流だった。一種の徒弟制度のようなものだ。僕はデザイン事務所で修業した経験がないので師匠はいないが、憧れて慕っていた先輩はいた。クライムの大森章夫だ。

岡山の老舗デザイン会社に所属していた大森は、2003年11月に独立し、知人が購入した問屋町のビルにオフィスを構えた。大森が

デザインとリーシングを手がけてリノベーションされた建物「K's TERRACE」は、1階にカフェが入り、2階のオフィスフロアには、大森の人脈でカメラマンや家具デザイナー、編集者やグラフィックデザインの会社などが集まっていた。そしてオーナーの趣味で屋上に飛行機が乗っかっているという、界隈でも目を引く存在だった。その飛行機のビルに出入りするようになり、僕は問屋町に通い始めた。当時、大森から冒頭の言葉を聞かされ、2人で街のことを語りあったのが今の活動の原点だ。

　問屋町は岡山駅から3キロ、145000平方メートルのエリアだ。1968年、岡山県繊維製品卸商業組合が中心となり「岡山県卸センター」という卸売業の総合団地が開業した。繊維業者を中心に文具・雑貨等76社が入居していたが、開業から30年を経て、小売店が卸売業者を通さずメーカーから直接仕入れる流通業態が一般的になり、卸売業は衰退し廃業・撤退する業者が現れた。

　この状況を打開するため、組合は2000年に定款を変更し、卸売業以外の小売業、サービス業の出店や住宅利用が可能となった。しばらくすると、空いたビルが壊されて次々とマンションが建ち始めた。もともと卸売業の団地で、トラックが通れる幅の広い道路が碁盤の目のように敷かれ、建物は2〜3階建て、空の抜け感が気持ちよかった街の風景が徐々に壊され始めていた。

　当時の問屋町は、ガラスを割って泥棒が入るといった噂もあるほど、あまり治安のよくない場所だったように思う。大森から新しいビルの計画を聞いた時も「こんなところにつくって大丈夫なの？」と思ったし、ビルができた後も、暗いイメージの街に1軒ポツンと洒落たビルが建っ

かつての問屋町

株式会社フレシャン

エリアが変わる起点となったK`s TERRACE

最初のアンカーとなったブランドANACHRONORM

ANACHRONORM、店内

ているのは、どこか取り残されているようでおかしかった。近所の人たちも冷ややかな目で見ていたし、正直、ここから何かが始まるような空気感はまったくなかった。

きっかけの場所 SPACE

「ANACHRONORM」
最初のアンカーになるテナントは、エッジの効いた、岡山ならではのブランドにこだわった。

この街に本格的に関わるようになったきっかけは、あるアパレル企業のビルオーナーさんから企画の依頼が来たことだ。そのオーナーさんからの依頼は、ホームページの制作などプロモーションに関するものだった。そこで、プロモーションの提案として「リーシングをして店舗をつくる」という企画書を出した。当然、クライアントのオーナーさんの反応は鈍かった。

ただ以前からグラフィックデザイナーの仕事が印刷物など寿命の短い商品しかつくれないことがフラストレーションになっていて、街に残るものをつくることに対する憧れがあった。

そこで、オーナーさんの依頼に対する企画書とは別に「20年後、こんな街をつくりたい」という、街のグランドデザインの企画書もつくって一緒に見せた。

自分は街の拠点となるような場所を1つずつつくっていきたいので、そのきっかけになってもらえないかとオーナーさんを説得した。いいテナントが入ることが会社のブランディングにつながり、今で言う「エリア価値」を上げることが家賃収入のアップにもつながるといった簡単な事業計画の話をして、最終的にはオーナーさんも納得してくれた。

　そして岡山市に本社のあるBalance（バランス）というアパレル会社に出店をお願いし、「ANACHRONORM（アナクロノーム）」というブランド店を出してもらうことになった。もともとバランスの社長とは知りあいだったが、人通りもない街に店を出すのは相当の勇気がいる。バランスの社長にも街のグランドデザインの企画書を見せ、「こんな街をつくりたい。そのきっかけをあなたのお店から」と説得した。ビルオーナーさんとテナントの社長との交渉を繰り返し、ようやく実現にこぎつけた。この企画に乗ってくれたお2人に後に話を聞くと、タイミングがよかったこと、そして街をつくる最初のきっかけになれることが大きかったようだ。

　グランドデザインの中でまず掲げていたのは、「岡山に僕たち世代が誇れるようなかっこいい場所をつくりませんか」ということ。それを実現するには、エレメントとしてどのようなショップや企業を誘致するかが重要だ。だから最初の「アンカー」になるテナントはエッジの効いた吸引力のある、岡山ならではのブランドにこだわった。

　ビルオーナーとしては決まった家賃しか入らないから、実際のところは誰に借りてもらっても構わない。実際、有名なナショナルブランドに入ってもらって10年借りてもらえればいいという考え方になるのも無理はない。それに対して、売上げが悪くなるとすぐに撤退するナショ

角地に出店してくれたブランドJohnbull Private labo

本当のロハスをテーマにしたビルsuple

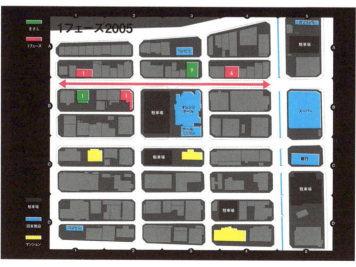

上：最初の3軒のアンカーを打ち込んだ通り
下：点から線へ、最初のアンカーを打った第一フェーズ（2005年）

ナルブランドよりも、地元の優れたブランドの方が長く借りてくれるし、どこにでもあるようなテナントを呼んでも意味がないと説得してきた。

事業とお金の流れ　MONETIZE

広大な空いた街で、まずやったのは、兆しの現われた1本の通りに集中して、起点となる「アンカー」を打ち込むことだった。

　この広大な空いた街をどんなふうに変えられるのか。グランドデザインを自分で描きながら、まず考えたのは、どこか1本の通りに集中して、起点となる「アンカー」を打ち込むことだった。問屋町で活動を始める前に、大森が手がけた飛行機のビル「K's TERRACE」がオープンし、友人が倉庫として使っていたビルを改装して古着屋「PLYWOOD SUBURBIA」を営んでいた。この2つの兆しが並んでいる通りに3軒のアンカーを打ち込むことにした。

　1軒目の「アナクロノーム」に続いて、2軒目は畳工場の入っていた角地のビルにアンカーを打つことにした。このビルのオーナーは、インテリア用品を卸している会社で、倉敷に本社のあるアパレル会社Johnbull（ジョンブル）にテナント出店を交渉した。1Fを店舗、2Fをワークショップなどができるフリースペースにすることをジョンブルに提案したが、この時もジョンブルの反応は鈍かった。バランスが近くに出

店することが決まったことを伝え、ジョンブルのイベントに顔を出したり、洋服を買ったりと、いろいろ手をつくし、何度も交渉して口説き落とした。現在は「Johnbull Private labo」というブランド名で入居している。

　3軒目のアンカーは、家業の雑貨卸業を営む幼馴染がオーナーの3階建てのビルsuple。これまでの2軒のアンカーは1棟貸しだったので、小分けのビルもつくりたかった。複数の店舗が入ってシェアをすることで単価も上がり、ビルオーナーの儲けにもつながるからだ。もともとギフト配送センターだった建物に「本当のロハス」をコンセプトにテナントを誘致することにした。誘致が一番難しい上階から埋めていき、3階には代替医療のクリニック、2階にヨガスタジオと美容室、1階に飲食店（その後、美容室へ）を誘致した。

　こうして活動を始めてから2年で、1本の通りに3つのアンカーをジグザグに用意することができた。この3つのアンカーを打ち込むことで、2〜3年かけてそのアンカーの間を埋めるように店が自然派生するようになった。岡山で人気の店を誘致したら、誰もがその横でビジネスをやりたいからだ。ただ考えが甘い人が来ると、長続きせずに撤退することになる。テナントの入れ替わりが激しいビルは価値が下がるから、敷金を10カ月にするなど自然とハードルを上げていく。つまり、そういうハードルを超えるやる気と能力のある事業者が自然に派生するしくみをつくることが重要だ。

　最初のこうしたアンカーは、ビルオーナーもテナントもほぼ自分の人脈で開拓していった。もともと倉敷市児島というデニム生産で有名な街で仕事をするアパレルブランドの経営者やデザイナーに知りあ

レイデックスがデザインしたANACHRONORMのグラフィック

レイデックスがデザインしたSalvo de Dramaのグラフィック

いが多く、オーナーにこうしたブランドをテナントとして紹介しやすい状況だった。ただ僕はオーナーとテナントをつなぐだけで、こうした街への取り組みは完全にボランティア活動だ。しかし、誘致した企業から印刷物やウェブサイトのデザインを依頼されたり、まちづくりの仕事を通して知りあいが増えて彼らが新しいクライアントを紹介してくれたりといった、本業の方でプラスの効果があった。なにより自分の描いたグランドデザインが1つ1つ形になっていくことは気持ちよく、欲望の赴くままに走り続けてきた。

運営組織のかたち　OPERATION

年配のビルオーナーと若いテナントがフラットに交わり、テナント会が街を動かすしくみをつくりたい。

　街の取り組みはずっと1人でやってきた。正確には、組合に入っているビルオーナーさん、出店してくれたテナントさんと、僕の三者で関係をつくりながらやってきた。

　もともと問屋町にあった繊維製品卸商業組合とはオフィシャルに仕事をすることはほとんどなかった。ただ組合の会員のビルオーナーさんとは個人的なつきあいがあり、たとえば最初のアンカーをつくらせてくれたアパレル企業のオーナーさんは組合の理事の1人だが、そ

の後も他のオーナーさんにつないでくれるなど、活動を応援してくれた。

　最初の2年ほどは、僕1人がディレクターのようにテナントを誘致していたが、問屋町に店や人が集まってくると、ビルをディレクションしたいという同業者が現れるようになった。この街では組合がオフィシャルな機能を強力に発揮できるほどのパワーがなく、結局、街の将来像を明確に持ち、実績があって、「あいつがやればいいものができる」という、ビルオーナーやテナントとの信頼関係が、街で仕事を続けられるかどうかを決める。だから必死に実績を積み上げることになる。

　こんな調子で非公認のままずっとやってきたが、当時の理事長から、まちづくり委員会をつくるから一緒にやろうと誘われて、今から約3年前に1年間だけ、組合の公認になったことがあった。それまでボランティアで街に関わってきた僕にとって、はじめてフィーをもらって、問屋町のロゴマークやマップなどをつくった。

　一方、2005年頃からアンカーになってくれたビルオーナーさんやテナントさんたちと街のことを考えるブレスト会議のようなものを続けていた。そして2012年に問屋町に出店しているテナント約60社が参加するテナント会も立ち上がった。

　ただ正直、組合の理事会もテナント会も街を変えていくだけの組織力はまだない。またこれまで理事会とテナント会はお互いに歩みよることもなかった。ただ、組合にまちづくり委員会ができてからは、少し変化が生まれた。組合が開催するマルシェやハロウィンといったイベントをテナント会の若い連中が手伝うようになって、関係を築き始めている。

　僕は将来、組織力のあるテナント会をつくりたいと考えている。そ

岡山市問屋町の4つのキャラクター

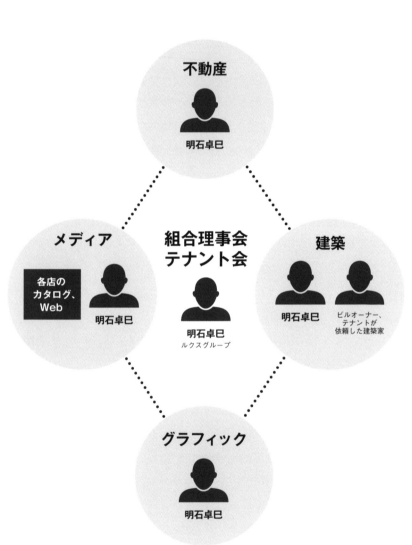

上：問屋町のロゴとコンセプト　下：線から面へ、さらにアンカーを拡大した第二フェーズ（2015年）

のテナント会を一種の家守舎やまちづくり会社のように見たてて、ここ2～3年で学んできたことをベースに新しいしくみをつくっていきたい。というのも、街で何か面白いことをしようと思っても、お金がないとできないからだ。

　テナント会の利益は、テナント会の運営費、各ビルオーナー・テナントに還元、まちづくりへの投資の3つに分配する。組合とテナント会は上下関係でなくフラットに並列させ、テナント会の中でお金を回し、自ら負担して街を動かせるしくみをつくっていきたい。

地域との関係　CONSENSUS

街に関わる人の数を増やし、みんなが喜ぶ街をつくるのに必要だったのは、共通のモノサシ。

　僕が街に関わりだした2003年から12年間で、店舗やオフィスが約100軒増えた。最初の2年間はアンカーづくりに没頭していたが、その後は勝手にじわじわと自然派生していき、このまま順調にいくかのように思えた。しかし、街の人気が高まるにつれ、さまざまな問題が起こった。

　元気がなかった頃は2000円だった坪単価が12000円に跳ね上がった。異常なほどのバブルな状況が起こり、皮肉にもこの街のブラ

ンディングは成功したともいえる。やがて全国チェーンの店も出店してくるようになり、ビルオーナーの中には誰にでも貸すような人も出てきた。僕は僕で自分の実績を追求し、表に出てあれこれ仕掛けていたが、そのことを快く思わない人たちも現れた。この街をどう展開していくのかが不明確で、さまざまな立場の人が好きなことを主張し、収拾がつかない状況だった。こうして7年間、思うように進まない状況が続き、街をつくることの難しさを痛感した。当時は、テナントも増えては減ることを繰り返し、総数は増えない、まさに暗黒の7年間だった。

　そこで考え方を一新し、完全に裏方にまわって、この街に関わる人の数を増やすことにした。自分の実績をつくることより、みんなが喜ぶ街をつくることに完全にシフトした。そのために必要だったのは「共通のモノサシ」。共通のモノサシを用意することで、みんなの意識を1つにまとめようとした。そこで2012年に「みんなで創るマチ」というコンセプトを立て、問屋町のロゴマークやマップをつくった。

　プロモーションの世界では、仕事の大小に関係なく必ずコンセプトを立てる。収集した情報をもとにコンセプトを立てて、それに対するストーリーを描いて展開を組み立てる。コンセプトというのは誰にでもわかるもの、誰が聞いてもピンとくるもの、みんなのモノサシになるものでなければいけない。

　「みんなで創るマチ」というわかりやすいシンプルなコンセプトを立てると、そこからはみ出す人を正すこともできるし、そういうモノサシをつくれば、皆の意識も変わる。「問屋町はこんな街です！」と言い続けると、合わないテナントは撤退していく。組合でもそのコンセプトに

飲食店、物販店が入るモールAROW & DEPARTMENT

このエリアで最初にできたカフェmai mai

カフェSalvo de Drama

Salvo de Drama、店内

賛同する人たちが増えた。こうして同じ思想、同じ言語を持った人間だけが心地よく集まる形ができあがった瞬間から、街が動きだした。この頃から、全国チェーンの店が、駅前の店舗は行列ができるのに、問屋町の店はなぜが売れないと撤退し、岡山への思いの強い若いテナントが増え始めた。

　さらに、2014年に岡山駅前にイオンモールができたことも、街の人々の結束を高めた。僕からすれば、なぜそこまで危機感を感じるのかと思うくらいに。よく「ここにしかできないことをやろう」という言葉を掲げると、難しくてわからないという反応が返ってくる。しかし「イオンにできないことをやろう」と言えば、みんなすぐに理解できる。イオンは街を壊すどころか、街を結束させてくれた素晴らしい敵だ。

行政との関係　PARTNERSHIP

十数年、行政と組むことは考えもしなかった。今もその関係は変わらない。

　僕がこの街で活動を始めた当初、行政と組むことは想像もしていなかった。行政と組んで何が起きるのかも全然知らなかった。そのまま十数年、行政との関係は変わっていない。

| プロモーションの手法 | PROMOTION |

プロモーションはあえて何もしていない。
観光地にはしたくない。
地元の人が楽しめる日常空間であってほしい。

　プロモーションはあえて何もしていない。僕らの活動を紹介するホームページもつくっていないし、僕ら主導のイベントを開催することもない。人を呼ぶためのイベントをやりたがる街は多いが、イベントは依存症になる。そこにきちんとしたソフト開発が伴えばよいが、イベントを打つから人が来ることを、その街に人気があると錯覚してしまうことが一番怖い。そうならないために、これまでイベントは避けてきた。プロモーションが本職の僕からすれば、相当フラストレーションがたまることもある。しかし、プロモーションを過剰にかけて問屋町を観光地にはしたくない。非日常か日常かという話で言えば、地元の人たちが楽しめる日常空間である方が望ましい。

　またテナントさんに、自分たちが発信していくべきことをそれぞれに考えてもらいたいという思いもある。というのも、テナントさんの中には安易に問屋町ブランドを使おうとしている人も目立つようになってきた。問屋町のブランドというものに頼らず、自分たち1人1人が街のブランドをつくっていくことを自覚してもらいたいと思っている。

　現在、街全体を美術館のようにする「アートの街」を構想していて、それが最大のプロモーションだと考えている。問屋町では、昔から卸

ビンテージ家具の店 the lost & foundation

売業の倉庫や店舗に荷物を運ぶため、路上駐車の規制が緩かった。車を自由に停められることが、街の利便性を高め、活気を生む要因の1つになっているが、店舗が増えるにつれて、来店客の駐車マナーの悪化が問題になっている。しかし路上駐車を禁止すると、街の魅力は一気に下がる。そこで、たとえば、車を停めてはいけない道路に炎の絵を描き、そこに車を停めると車が燃えているイメージになるようなトリックアートを施し、それがSNSで拡散されたら新しいプロモーションになる。これは、知名度を上げるためではなく、駐車違反や迷惑行為がしづらい街にしていくためのプロモーションだ。

　プロモーションはお客さんを集める広告の延長線上にはない。コンセプトとストーリーの展開を可視化することだ。さらには、プロモーションを重ねることでブランディングにならなければ意味がない。正直に言えば、この街の人々の間で思いやコンセプトがまだ一枚岩になっていないのが現状だ。まずは、街の人々がコンセプトを共有する必要があるので、テナント会などの組織づくりに今、取り組んでいる。

エリアへの波及 | IMPACT

エリアは広げず守る。
他とは違うエッジの効いた街だからこそ
人はわざわざ行きたくなる。

前述の通り、2つの兆しがある通りから3つのアンカーを集中的に打ち、そのアンカーの間に他のテナントが自然派生する方法で、街が変わり始めた。1本の通りが完成すると、また別の兆しのある通りにアンカーを打ち、点から線へ、線から面になっていくというイメージだ。

大抵の地方都市では、駅前とそれ以外という二択の性格づけしかなく、エッジのたったエリアを複数つくるのは並大抵のことではないが、岡山では元気なエリアが今あちこちに増えている。特に岡山駅の裏側の奉還町(ほうかんちょう)のエリアには外国人やアーティスト向けのレジデンスやゲストハウスができ、外国人の来訪者も増え、地元の感度の高い人が事務所や店舗を構えたりして、とても面白い。そこには後輩が関わっていて、彼とも街の性格がバッティングしないようにしようとよく話している。

ここでしてはいけないことは、エリア同士が交わることだ。大阪のアメリカ村を例に挙げると、かつてはアメリカ村のエリアを区切る明快な線があったはずだが、その線が拡大し別のエリアへどんどん滲みだしていった。そうなると街の性格も曖昧になり、プロモーションやブランディングも難しくなっていく。多くの人はそのことを悪い現象だとは思わない。なぜなら賑わうエリアが広がっただけだから。だがそれは街にとってとても危険なことだ。どの街に行っても同じなら、わざわざその街に行く人はいなくなるから。

問屋町のエリアの設定は、問屋町という町名で区切っている。街の周辺にも自然派生的に店舗が増えているが、そういう店舗には問屋町の外で営業していることを認識してもらえるように徹底している。

僕は日頃ファッション業界の人たちとのつきあいが多い。ファッションにはストリート系、ドメスティック系、アイビー系などのカテゴリー

アパレル、美容室、飲食店等が入るBOOTH BLD

筆者のオフィス、レイデックス

が明確にあって、それを守ることがブランディングだ。強いブランドは、流行のスタイルをあれこれ取り入れず、他とは違うオリジナルなデザインで勝負する。だから生き残れる。それは街にも言えることではないか。ブランディングとは、エッジを効かせること、街でいえばきちんとエリアを決めて広げないことだ。

建築やまちづくり業界の人は「エリアを設定する」という話をよくするが、「エリアを守る」という話はほとんどしない。それが僕には不思議で仕方がない。

継続のポイント　MANAGEMENT

巻き込まれることを楽しむ状況をつくれたら、みんなのインナーモチベーションはアップする。そうすると街は必ず変われる。

地方には思想とフレームのバランスで苦しんでいる人がたくさんいると思う。数字を管理するフレームワーク的な部分と、社長の思いといった思想的な部分との割合をどうすればいいのか。最近だと思想7に対してフレームが3あれば楽しい会社で、働く人のモチベーションも上がるという傾向があるようだ。それに対して、僕の会社は、思想が10、フレーム0、そして検証3で、13を目指したいと思っている。自分たちがしていることが正しいのかどうか検証さえすれば、大きく失

敗することはないはずだ。

　僕の本業はプロモーションで、その中にグラフィックデザインやウェブデザイン、イベント企画、店舗プロデュースなどが並列していて、僕にとってはまちづくりもプロモーションの一部だ。独立してデザイナーやクリエイティブディレクターとして仕事をするようになるまでに経験したマーケティングや営業の経験は、今のまちづくりの仕事の発想と行動のベースにある。

　普段はビルオーナーやテナントとのやりとりばかりしていて、表に出ることはほとんどない。でも裏方に徹してさまざまな人を巻き込んで楽しい状況をつくれたら、みんなのインナーモチベーションは確実にアップする。そうすると街は必ず変われる。

　この10年間で問屋町には、飲食、アパレル、雑貨、美容、スクール、オフィスなどのテナントが約100軒増え、もともとあった卸業を含む50軒と合わせて150軒になった。あと3年でさらに200軒増やし、合計350軒にしたいと考えている。テナントを1軒ずつ増やしていくことは次々とプロモーションを打っていくことと同じで、まちづくりのプロセスはブランディングと一緒だ。問屋町をブランディングしていくことで、最終的には岡山のクリエイティブを底上げすることを、この街のミッションにしている。

　問屋町でやってきたことの最も個人的なモチベーションは、街を使っている人を観察したり、街の人の話を聞くこと。この10年で街の風景はがらっと変わったけれど、僕自身は建物の変化より、人の変化に興味がある。だから今日も、通りを行き交う人を見ながら、これから10年先の街の姿を考えている。

02 岡山市問屋町

変化の兆し
1968年にできた繊維卸売業団地が流通構造の変化で撤退、2000年以降、組合の定款変更により、空きビルに小売・サービス業が入居可能に。2003年、大森章夫氏が「K's TERRACE」をオープン。

きっかけの場所
ANACHRONORM（アナクロノーム）／地元のエッジの効いたファッションブランドをアンカーとしてテナント誘致。

事業とお金の流れ
空きビルのテナントにエッジの効いた店を次々に誘致。リーシングはボランタリーな活動。

運営組織のかたち
明石氏が個人的にオーナーとテナントをつなぐ。現在、テナント会の組織強化に向けて動いている。

地域との関係
地域をまとめる組織がなかったが、地元の繊維製品卸商業組合にまちづくり委員会ができ、街のコンセプトやロゴなどを決め、街の結束力を高める。

行政との関係
なし。

プロモーションの手法
特になし。

エリアへの波及
12年間で約100件の空きビルが、飲食、アパレル、雑貨、美容、スクール、オフィスなどで埋まる。エリアを問屋町の町名で区切り、町外に拡大することを避ける。

継続のポイント
面白い人たちが集まる街にしたいという明石氏の素直な欲望、そしてビルオーナーとテナントをつなぐ営業企画力。

03

大阪市阿倍野・昭和町

小山隆輝・加藤寛之

こやま・たかてる

丸順不動産株式会社代表取締役。1964年大阪市生まれ。近畿大学法学部卒業。家業は1924年創業の丸順不動産。1987年同社に入社、2012年代表取締役に就任。大阪市阿倍野区昭和町エリアの長屋や古いビルなどを再生し、不動産の活用を通じてまちづくりやエリアの価値向上に取り組む。

かとう・ひろゆき

都市計画家／株式会社サルトコラボレイティヴ代表取締役。1975年千葉市生まれ。立命館大学政策科学部卒業。COM計画研究所に入社。2000年建築・デザイン・都市計画の分野を横断するsarto.(サルト)を立ち上げる。2008年株式会社サルトコラボレイティヴ設立。現在は、丹波市、枚方市、大阪市、神戸市、伊賀市、石垣市などでストックリノベーションによる地域再生事業に取り組む。

変化の兆し SIGN｜小山

まちづくりは行政がするものだと思っていたが、なじみの散髪屋さんの一言で、不動産屋が街をつくる力を持っていることに気づいた。

「街がどんどん寂しくなって、お客さんが減ってきた。あんたら不動産屋さんが頑張ってくれへんかったら、俺ら食べていかれへん」。

子どもの頃から通い続けている散髪屋さんに言われたこの一言がきっかけで、私はまちづくりに関わるようになった。

私の営む丸順不動産は、1924（大正13）年に祖父が創業、大阪市阿倍野区昭和町を地盤にする不動産屋だ。大学時代から家業のアルバイトを始め、1987年に丸順不動産に入社、2012年から三代目社長として不動産業に携わってきた。父の代は、地元の仕事を一切せず、URや公社などの顧客に、団地や公立学校など公共物件の用地を世話することが主な仕事だった。しかし、バブル崩壊後、地元の駐車場や借家の管理に業態を転換した。

この街が徐々に衰退していると感じるようになったのは、今から25年ほど前から。商店街から店がどんどんなくなり、空き地や空き家が増え始め、人口も減っていった。まちづくりは行政がするものだと思っていたが、なじみの散髪屋さんの一言で、不動産屋が街をつくる力を持っていることに気づかされた。この頃から、この先この街で食べていくにはどうすればよいか、真剣に考えるようになった。

きっかけの場所 SPACE 小山

「寺西家阿倍野長屋」
長屋が文化財になるなら、いくらでもある
空いた長屋は大切な街の宝になる。

　ちょうどその頃、地元の地主さん・寺西家が所有する長屋（寺西家阿倍野長屋、昭和7年築）が登録文化財に指定されたという新聞記事が目にとまった。それを見た瞬間、長屋を活用すれば自分が感じていた街の課題を解決できるのではないかと直感した。

　昭和町は、名前の通り昭和の時代に生まれた街で、大正から昭和の時代に建てられた長屋がたくさん残っている。長屋1戸あたりの規模は、間口が4メートルほど、奥行きは18メートルほどと細長く、数戸単位で1棟の長屋を形成している。当時、大阪都心部で働く住民を高密度に居住させるため、長屋が民間業者によって大量に供給された。しかし、こうした長屋は現代のライフスタイルとは合わず、設備の不備、気密性の低さ、老朽化が原因で空き家のまま放置されたり、取り壊されて3階建て住宅になる例が増えてきた。長屋が文化財になるなら、街なかにいくらでもある長屋の空き家は大切な街の宝だと気づいた。

　その後、寺西家阿倍野長屋の家主さんと知りあい、リーシングを手伝うことになる。2004年当時、京都ではすでに町家再生ブームが起こっていて、大阪でも空堀などで町家を店舗にする動きが始まっていた。古い建物を改修するという発想がなかった時代から、それが一

かつての寺西家阿倍野長屋

改修後、4軒の飲食店が入居

金魚カフェに改修前の長屋（上左）、改修後（上右）、店内（下）

般化する時代への変わり目だった。昭和町で成功するかどうか確信はなかったが、テナントの誘致に取り組むことにした。テナントはすぐに決まり、過度に改修せず、元の建物のよさを上手に残してもらった。現在は、イタリアン、和食、鉄板焼き・お好み焼き、創作中華の4店舗が入り、毎日多くのお客さんで賑わっている。

さらに、この家主さんは長屋の向かいにある自宅を開放し、「どっぷり、昭和町。」というイベントを長屋の店主たちと始めた。昭和町の知名度を上げ、店の集客を増やすイベントは現在、毎年4月29日の昭和の日に、周辺の公園や学校なども会場にした街ぐるみのイベントになっている。個別の不動産活用は、エリアの価値を上げないと成功しないということを、この家主さんは10年以上前に気づいておられた。

事業とお金の流れ-1　MONETIZE　小山

家主さんと借主さんが対等に賃貸条件の交渉ができる関係をつくることが大切。

その後手がけたのが、1925(大正14)年築の長屋を改修した「金魚カフェ」。水回りが貧弱で、住居として貸すには改修に数百万円はかかる状態だった。そこで家主さんに店舗として貸すことを提案した。

しかし当時の昭和町は高い家賃を見込めず、家主さんが大きな投資をするのはリスクが高い。そこで借主さんが改修費用を負担する

代わりに、家賃をかなり安く設定するスキームを考えた。定期借家契約を結び、最初の5年間は家賃を低く抑え、その後借主さんの経営状況を見ながら家賃を見直す契約にした。改装工事は、上下水道や柱など構造部材の工事は家主さんが負担し、その他の内装工事は借主さんの負担で行った。

　再生した長屋のことを自分のブログやSNSで発信すると、ある日、古い長屋でカフェと家具の店を開きたいという若者4人が事務所にやってきた。彼らに紹介したのは、「桃ヶ池長屋」という昭和初期に建てられた4軒長屋（住宅、酒屋、空き家、電気屋）のうちの1軒で、10年以上空き家になっていた物件。隣家が空いたら駐車場にしようと考えていた家主さんと交渉し、家賃は周辺の貸家と同程度だが、室内は自由に改装してもよいことになった。4人は4カ月かけてDIYでリノベーションし、そのプロセスをSNSで発信し続けた。それが大きな反響を呼び、昭和町の長屋のことが広く認知されるきっかけとなった。

　現在ここには、カフェバー「りんどうの花」とアンティーク着物の店「てまり」が入居している。そして4軒長屋の他の3軒も次々に空いて、手づくりの器を扱う店「カタルテ」、野菜中心の食堂「はこべら」、洋服のオーダー店「coromo」が入居した。4軒の長屋の店主さんたちが中心となって、毎年春と秋に「春むすび」「秋むすび」というイベントを開催。周辺の店や知りあいの作家さんたちと共同で、街に店を開くイベントは毎回好評を博している。

　私が仕事をする上で気をつけていることは、家主さんと借主さんが「貸してやる」「借りてやる」という関係でなく、対等の関係で賃貸条件の交渉ができるようにすること。たとえば、借主さんに工事費を負

4軒の店舗が入居する桃ヶ池長屋

洋服オーダーの店 coromo

改修前

手つくりの器の店カタルテ

年2回開催されるむすびの市

担してもらう代わりに、家賃を一定期間低く抑える定期借家契約を活用したり、家主さんに工事費を負担してもらう代わりに、その費用の償却が終わるまで借主さんは解約できないという条件を設けたり。

家主さんが相談に来られた際には、「長屋がブームだからと簡単に貸せる、借り手が何でも言うことを聞くと思ったら大間違い。そんな考えなら貸さない方がいいですよ」とはっきり伝える。たとえ安い賃料であったとしても、貸す限りにおいては事業。責任を持って取り組めない家主さんは相手にしない。だから物件仲介を多産できない。

借主さんに対しても、特に長屋の場合は音の問題等で隣人とのトラブルが発生しやすいので、古い物件を借りることの問題点やリスクについてきちんと理解してもらった上で借りてもらうようにしている。

家主さんとも、借主さんとも、建物ともきちんと向きあわなければ、賃貸物件を維持していくことはできない。この街でストレスなく暮らして仕事をしてもらうために、このような手続きを踏むようになった。

古い物件を扱う場合、通常とは違う独自の特約条項を交わすこともある。複雑な物件の場合、借主が物件を借りるまでの経緯を文章化する。誰がどういう思いでここを借りるに至ったのか、どう納得して費用負担をしたのか、どのようなリスクがあることを理解して借りたのかといったことを文章にしたものを特約条項の冒頭に入れておき、万が一揉めごとが起きた際の証拠として残している。

契約が成立すれば、借主さんから仲介手数料をいただき、家主さんからは管理料をいただいている。家主さんと一緒に調整して物件をつくっていくというケースであれば別途コンサルティング・フィーをいただくこともあり、1件あたりの収益を上げる努力をしている。

| 事業とお金の流れ-2 | MONETIZE | 加藤 |

衰退した街で、新しいプレイヤーとお客さんを見つけることは難しい。
定期マーケットはそれを可視化する。

　2008年に独立する前に勤めていた都市計画コンサルティング会社（COM計画研究所）で、僕は事業プロデュースの仕事に数多く関わっていた。最初の仕事は2000年に兵庫県丹波市柏原町(かいばらちょう)にあった築120年の町家をイタリア料理店に再生するプロジェクト。経営母体となるまちづくり会社を第三セクターで立ち上げ、地元素材を使ったイタリア料理店「オルモ」をプロデュースした。商工会から補助金が出ていたその事業について、街の飲食店経営者からは「補助金を使ってお客を奪うな」と猛反対を受けた。

　だが、オルモが街に新しい顧客を創造したことをきっかけに、店舗をリニューアルする店主が現れたり、後継者が戻ってきたり、15年経った今では、街の顔といってもいいほど受け入れられている。新しいお客さんを呼び込み、街の期待値を上げて、それが街全体に行き届くと、みんなが得をする。

　その後、柏原町では毎年1カ所ずつリノベーションをして10店舗の誘致を実現した。この丹波での仕事をきっかけにして、街の要素をきちんと丁寧に捉えて活用し、街の期待値を高める取り組みが、街の潜在的な価値を向上させ、新しい価値を生むことにつながると確信する。

それ以降、街の期待値をどうやって上げていくかを考えることが、僕自身のまちづくりの基本となる。

　衰退した街ではプレイヤーとなる人たちやお客さんになる人たちを見つけることは難しい。そこで、僕がとる手段は、新しいプレイヤーとお客さんを可視化するために月1回のマーケットを開くこと。その取り組みの最初の1つが大阪府枚方市のマーケットとビル再生の事業だ。

　枚方はもともと宿場町だったが、今では大阪と京都のベッドタウンになっており、駅前再開発ビルの商業機能はほぼ壊滅状態であった。枚方では2000年より宿場町の街並み再生に取り組んできたが、住民から「街を元気にしたい」という声が挙がったことをきっかけに、街に新しいプレイヤーを呼び込み、古い建物を活用して新しい価値をつくるという取り組みがスタートすることになった。

　まず2005年に「町家情報バンク」を立ち上げ、商売を始めたい人と空き家をマッチングさせるサービスを始めたところ、町家再生ブームもあってか100人以上の申込みがあった。プレイヤーはたくさん集まったが、逆に物件がまったく足りなかった。結局、開業できたのは3年で5軒だけ、さらには、物件が増えないために、出店した店にもお客さんがつかないという事態にも陥った。

　そこで始めたのが路上マーケット「枚方宿くらわんか五六市」だった。2007年から月に一度、気軽に出店できる場を設けることで、家主さんたちも物件の活用に動いてくれるかもしれないという期待と、実際に出店をしているプレイヤーの人となりや商売の質を知ることができ、家主さんに自信をもって推薦することができる、そんな見込みでスタートした。最初は我々が商売人の質を見極めるために始めたマー

ケットだったが、この街で店を持ちたいプレイヤーにとってはお客さんを直に見ることができる場にもなる。つまり、マーケットをすることがマーケティングにもつながるわけだ。

　その後、五六市の会場と同じ街道に建つ「鍵屋別館」の改修の仕事が2012年に持ち込まれた。この建物は並びにある料理旅館「鍵屋」の別館として建てられた鉄筋コンクリート造5階建てのビル。そこを五六市の出店者や町家情報バンクの登録者が起業できる場として改修することにした。現在、別館の1〜3階に15店舗が入居している。2016年春には4〜5階がシェアオフィスとしてオープンする予定だ。

　五六市の出店数は現在250店舗にまで増えた。この間に枚方に新規出店を決めた店舗は30店舗ほどあり、街に新しいチャレンジを生みだすしくみをつくりだしている。

　そして2012年、この鍵屋別館と五六市を見てくれていた小山から昭和町の「昭南ビル」の再生で声がかかった。

　先ほどの寺西家阿倍野長屋と同じ家主さんが所有する、1958年築の鉄筋コンクリート造3階建てのビルで、当時は1階が銀行、2〜3階には3〜4坪の小部屋が12室あり、「貸し間」(押入れと簡単な流しを備えた和室のアパート)として賃貸されていた。僕らが関わる前は、1階に全国チェーンのドーナツ店、2〜3階の小部屋はほとんど空いていて、家主さんが倉庫として使っていた。

　我々はコンセプトプロデュースと事業収支の提案、改修設計とリーシングの仕事を依頼された。コンセプトは「日々のくらしに、小さな出会いと発見を」とし、入居者は小さな手仕事やものづくりをする女性を想定した。枚方でのリーシングの際に、手仕事を趣味としつつも、

自分のアトリエを持ちたい30〜40代の女性層がかなりのボリュームでいると実感したからだ。

　我々がつくったテナント募集資料を小山がブログにアップしただけですぐに入居希望者が集まった。リーシングは、小規模でありながら商業デベロッパーが採用するような手法を使った。空き店舗に誰でも入れるのではなく、どのような人に入居してもらうか、こちらのコンセプトがまずあって、我々やオーナーの判断で決めるやり方だ。家主さん、小山と我々ですべての出店希望者に面談し、このビルで実現したいことと街との関わり等を尋ねて、テナントを決めた。

　当初、家主さんはお金をかけて改修し、建物を一新することを希望されていた。しかし、我々の発想は逆だった。ビルそのもののよさを上手く表現しなければ、街のポテンシャルを上げることはできない。手をかけすぎるとビルのよさが壊されかねないし、出店者が初期に負担できる金額は数万円程度なので、改修にお金をかけると事業収支が合わなくなる。家主さんにそのことを理解してもらい、イニシャルコストはできるだけ下げた。改修したのは、天井をとって、照明用ダクトレールをつけ、壁を白く塗り、エアコンをつけて、畳敷きを板敷きにしたくらいだ。

　募集をした7室が3カ月で埋まり、雑貨店、アトリエ、ギャラリーとして運営されている。新しいテナントさんたちはテナント会を結成し、共同で月1回イベントを開催しつつ、テナント同士のよいコミュニティを形成してくれている。

| 運営組織のかたち | OPERATION | 小山・加藤

地元に住み、働いているから、自分たちの街の期待値を上げたいという思いを共有できる。

　小山と加藤、COM計画研究所時代の加藤の先輩である山本英夫（戎橋筋商店街振興組合事務局長、大阪府立大学観光産業戦略研究所客員研究員）、桃ヶ池長屋に事務所を構える建築家・伴現太（連・建築舎）、小山と同じ地元の建築家・桂幸一郎（桂幸一郎建築設計事務所）の5人で「Be Local Partners」という専門家集団をつくって活動をしている。

　この5人で集まって取り組むのは、年に1回開催する「Buy Local」というマーケット（後述）の実行委員だけで、それ以外は個別にユニットを組んで仕事をしている。全員阿倍野区に住み、昭和町周辺で仕事をしているので、この街の価値を上げ、自分たちが住みたい街をつくっていきたいという思いを共有している。

| 地域との関係 | CONSENSUS | 加藤

新しいチャレンジが起こり続け、質のよい店が地域の人に育てられないと、街は価値を失ってしまう。

10店舗が入居する昭南ビル、エントランス

アトリエ兼ショップ

特徴的な照明と郵便受け

桃ヶ池公園で開催されるマーケット「Buy Local」

会場マップのチョークアート

大阪市阿倍野・昭和町の4つのキャラクター

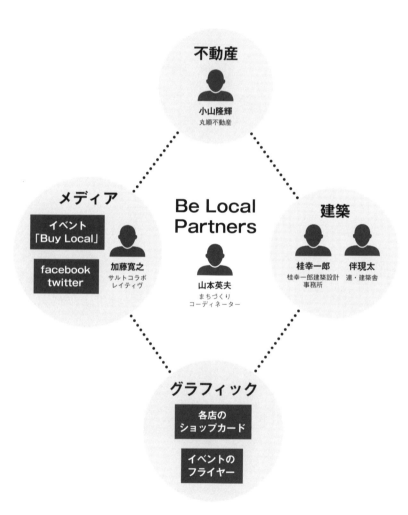

Be Local Partnersで2013年に始めたのが「Buy Local」というマーケットだ。これは「どっぷり、昭和町。」の中の一イベントとして、毎年4月29日の昭和の日に、桃ヶ池公園で開催している。

 このマーケットの目的は、枚方でのマーケットとは若干異なり、街にある質のよい店を地域の人に知ってもらい、その後も使ってもらうこと。街に新しいチャレンジが起こり続け、質のよい店が地域の人に愛され育つ状況がなければ、街は価値を失ってしまう。地域の店舗が地域の新規顧客を獲得するためのチャレンジの場であるプラットフォームを創造するため、地元の出店者に限定したマーケットを開催することを提案した。

 出店者は公募型ではなく、我々実行委員が昭和町内の店舗の中から街の人に知ってもらいたい店を互いに推薦しあい、実際に我々がすべての店に足を運んで「ただイベントをするためではなく、あなたの存在そのものが街の価値であり、その価値を守り育て創造するために、地域の人に知ってもらいたいのです」と伝え、出店を依頼している。

 2015年には29店舗の出店があった。出店は地元の老舗と新しくオープンした店を混在させるようにしているが、現状では古い店がどんどん減っており、古い店と新しい店の割合は1:3くらいだ。新しい店はお客さんを集めるのがうまいのに対して、古い店は苦手なところが多い。そういう古い店には新しい店のパワーを借りて自分たちの宣伝に活かしてもらいたい。また、こういうイベントを通じて古い店と新しい店のつながりも生まれている。

 Buy Localの運営費は出店料で賄っている。出店料は1店舗あたり3000円、出店数が30店舗で9万円。会場の設営には廃材を利用

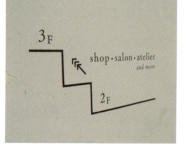

上：Buy Localの冊子（左）、秋むすび（右）のフライヤー
下左：店舗同士でショップカードを置きあう
下右：昭南ビルの写真を撮りたくなる仕掛け

するなど、お金をかけない工夫をしている。

　Buy Local以外にも、Be Local Partnersのメンバーの伴は、自分が暮らす桃ヶ池長屋の周辺の仲間とマップをつくり、地域の店と連携して「春むすび」「秋むすび」というイベントを年に2回開催している。他にも、阿倍王子神社で「あべの王子みのり市」というイベントを開いている地域の仲間もいる。

　これらのイベントは異なるエリアでそれぞれのコンセプトでバラバラに開催されてはいるが、この街の価値を伝え、自分たちの住みよい街をつくっていくという目指す方向は同じだ。こうしたイベント開催までのプロセスが街の人をつないで、イベントが街の方向性を確認するマニフェストのように機能している。

　我々は、物件単位で仕事をしてフィーを得ているが、こうした地域で開催するイベント活動は基本的にはボランティアだ。しかし、こうした地域の活動をすることでエリアの価値が上がり、我々の本業の仕事もやりやすくなる。

行政との関係　PARTNERSHIP　小山

行政からの補助金や支援は受けていないが、対立しているわけではなく、地域の活動として認められている。

Buy Localの開催時に、阿倍野区に公園の使用許可をとっている。またマーケットでは飲食店舗が出店するため、保健所とのやりとりは事前に十分な調整が必須だ。行政からの補助金や支援は受けていないが、もちろん対立しているわけではなく、地域の活動として認められている状況だ。

プロモーションの手法　PROMOTION　加藤

誰に伝えるのか。プロモーションはそれを決めるのが非常に重要だ。効率的に拡散するために、共感を誘発する仕掛けを散りばめる。

　プロモーションは、誰に伝えるのかを決めることが非常に重要だ。Buy Localや昭南ビルであれば、手づくり・レトロ感・ローカル感といったものを好む30〜40代の女性が持つ志向に合った情報を発信している。年代や性別ではなく、その志向を持つ層が対象だ。ただし、その年齢層の人たちはSNSでの発信力もあり、プロモーションの中心にはなる。実際、Buy Localでは、出店者やお客さんが会場の写真を撮ってSNSで発信してくれる。だから、会場の設計チームには、たとえば、建て替えを間近に控えた小学校から譲ってもらった大きな黒板に会場マップをチョークアートで作成するなど、フォトジェニックな設営を意識してもらっている。

DJANGO、店内

プロモーションの媒体としては、情報のベースとなるアーカイブ的なものは紙媒体でつくり、拡散はウェブやSNSで行っている。たとえばBuy Localは、年1回のイベントで終わるのでなく、日常的に店を巡ってもらうため、出店店舗を紹介した「Buy Local」という冊子もつくり、掲載店に置いてもらい配布している。

　プロモーションにお金をかけない方法としてSNSを活用しているが、より効率的に拡散させるには、使い手が共感し、SNSでの拡散を誘発するような仕掛けを散りばめることを意識している。たとえば、昭南ビルの室内のちょっとしたサインは意図的に普通よりも小さくして、見つけたら思わず写真を撮りたくなるように工夫した。

　この10年で昭和町には店舗が増えた。そのなかで我々と思いを共有し街にコミットしてくれている店は30軒ほど。同じ思いを持ったお店は、店同士でショップカードを置きあい、各店に足を運んでブログやSNSで紹介しあうなど、地域の仲間としてお互いに情報を発信することで、自分たちの街の価値を伝えている。

エリアへの波及　IMPACT　小山

短期間でテナントが変わり、不動産屋が儲かる物件は、街にとって最悪だ。

　かつて昭和本通りという商店街があり、この通りは今でも小学校

の通学路になっている。子どもの頃には商店で賑わい、常に大人の目が街に向いている安全な通りであった。しかし、現在では商店が少なくなり、1階がガレージの都市型3階建て住宅に建て替わってしまった。そうなると、道路に対して視線が届かなくなり、誰の目も街に向かず、子どもたちが見守れない街となる。

これを解決するには、街に商店を適度に点在させることだ。ただし、商店ができすぎると住民が住みにくくなる。だから私は、あるエリアに商店を集中的に誘致せず、地下鉄御堂筋線の昭和町駅と西田辺駅の間に小さな店を点在させている。もし仮に昭和町〜西田辺界隈の家賃がどんどん上昇するようであれば、エリアを広げていくことで、できるだけ家賃を上げない工夫をする。

長屋のリノベーションを始めて10年以上が経ち、最近は昭和町で店を出したいと考える人も増えてきた。少々高めに家賃を設定しても、借り手がつくことも多々ある。しかし、高い家賃では採算が合わず、半年〜1年で潰れてしまう場合がほとんどだ。その後、新しい入居者が入っても同じことの繰り返し。そうなると、何をやってもダメな場所だと思われ、エリアへの期待値が下がっていく。

はっきり言えば、不動産屋冥利に尽きる物件、つまり短期サイクルでころころテナントが変わって仲介手数料が入り続ける物件というのは、街にとって最悪だ。そこで儲かるのは不動産屋だけ。思いを持った繁盛店をつくり末永く営業してもらい、エリアの価値を上げていくことこそが街にとって重要なのだ。

自家焙煎コーヒーの店うさぎとぼく

ベビー・子ども洋品の店 CUSE BERRY、2階作業場

木箱の本棚のある古書店居留守文庫

作家の器を集めた暮らし用品

| 継続のポイント | MANAGEMENT | 小山 |

家主を動かす家賃と、面白い事業者を誘致する家賃は両立できない、不動産屋のジレンマ。

　昭和町の再生に取り組むなかで、この街をどんな街にしたいのか、考えてきた。辿り着いたのが「上質な下町」というビジョンだ。活気のある時代に開かれた住宅地のよさを次の時代にも引き継いでいきたい。

　この10年でこの街には長屋を活用した店舗がたくさんできたが、私は店舗を増やすために活動しているわけではない。街の主役は人。住む人、働く人、商売をする人など街のプレイヤーを増やすことが大切だ。

　不動産を持つ家主さんも重要な街のプレイヤーだ。寺西家阿倍野長屋や桃ヶ池長屋の家主さんは、自ら所有する不動産を再生して活用することが街の価値を上げることに気づき、次々に不動産再生・活用に投資をしている。まさにこの街のキーマンでありデベロッパーだ。

　しかし、こういう家主さんはまだまだ少数。昭和町でも長屋を活用したいという若者は増えたが、ほとんどの家主さんには知られていないため、長屋が潰されていく。家主さんの心を動かすには家賃を高く設定する必要があるが、家賃を上げると面白い事業をしてくれる人は誘致しづらい。家賃を上げないといけないが上げたくない。ここ数年はこういうジレンマを抱えながら仕事をしている。

　ストックを活かしてどう街の期待値を高めるか、その知恵や手法が問われている。街という仕事場で不動産屋ができることはまだまだある。

大阪市阿倍野・昭和町

変化の兆し
大正・昭和の時代の長屋が多く残る。25年ほど前から人口減少とともに長屋の多くが空き家になっていた。京都で町家再生がブームが起こり、昭和町の長屋再生の動きを後押し。

きっかけの場所
寺西家阿倍野長屋／築80年の登録文化財の長屋を改修して4件の店舗をリーシング。

事業とお金の流れ
家主と借主との契約において、初期投資、家賃設定などきめ細やかな仲介手法が特徴。仲介手数料のほかに契約管理料等コンサルティングへの対価を受けとることもある。

運営組織のかたち
マーケットイベントの実行委員組織として、建築、不動産、都市計画の専門家5人で「Be Local Partners」という任意団体を結成している。

地域との関係
町内のエリアごとに複数のマーケットイベントが開催される。マーケットが街の求心力を高める。

行政との関係
なし。

プロモーションの手法
情報発信はSNSが多用される。建物やイベントに発信したくなる仕掛けが工夫されている。マップや冊子等の広報ツールも豊富で、店舗間のネットワークが構築されている。

エリアへの波及
10年間で街にコミットする店が30軒ほどオープン。家賃の上昇を防ぐために、エリアに物件を集中させない。

継続のポイント
主に商業店舗への再生を扱う。街に小商いを生みだし続けることが目標。

04

尾道市旧市街地

豊田雅子

とよた・まさこ

NPO法人尾道空き家再生プロジェクト代表理事。1974年尾道市生まれ。関西外国語大学卒業後、海外旅行の添乗員を経て、2001年帰郷。2007年「尾道空き家再生プロジェクト」を立ち上げ、翌年NPO法人化。2009年、尾道市から「空き家バンク」事業を委託される。8年間で120軒の空き家の再生、マッチングに携わる。

変化の兆し　SIGN

今にも崩れ落ちそうな空き家が多数放置されている光景に愕然とした。坂の街は悲鳴をあげていた。

「尾道の空き家、再生します。」

こんなタイトルのブログを始めたのは2007年春のことだ。通称「ガウディハウス」と呼ばれる古い空き家を買い取り、大工の夫と2人、当時まだ2歳だった双子を抱えながら空き家の再生を始め、改修の様子や尾道や日本のまちづくりへの思いを写真とともに日々発信していた。すると、尾道へ移住したい人、古い空き家を再生したい人の声が全国から届き始めた。その数は1年で100人を超えた。

私の生まれ育った尾道は、坂と路地が面白い。山麓の斜面地に隣家とくっつくように家が建ち、隣の晩御飯がわかるくらいの距離感で、ベランダで洗濯物を干していると、ご近所さんとの会話が始まる。そんなのんびりとしたヒューマンスケールの暮らしが営まれてきた。

大学進学とともに尾道を離れ、大学では語学を学び、バックパッカーでヨーロッパを放浪した。卒業後は大阪で海外旅行の添乗員として8年間勤務し、旅ずくめの20代を過ごした。20代に旅先で見てきた街並みやまちづくりから受けた影響は大きく、旅の人生がなかったら、ここまで空き家再生の活動にのめりこむことはなかった。

旅の中で印象に残っているのは、地中海沿岸の斜面に路地が張り

巡らされた街。特にイタリアの街からはいろいろと学ぶことが多かった。国土面積や気候風土も日本に近い。統一されてまだ歴史が浅いこともあるが、サッカーがあれだけ盛り上がるのは、地方の個性を大切にし、住民たちに愛郷心が溢れている証だろう。建物にも各地域の特産の石が使われており、それが街のカラーになっている。

　一方、日本の街はスクラップ＆ビルドで、似たようなハウスメーカーの住宅が建ち並び、駅前にはチェーン店が軒を連ねる。大学生の時、尾道駅前が再開発され不釣合いな高層ビルやマンションが建った風景を見た時のショックは今でも忘れられない。尾道は地形にも恵まれ、戦災や大災害にも遭うことなく古い建物も数多く残っている。しかし、こんなに簡単に街の原風景が壊されてしまうことに強い危機感を覚えた。

　もともと人を家に招いてもてなすことが好きだった私は、漠然と第二の人生で宿泊施設を運営してみたいと思っていた。それを尾道で始めようと思い立ち、大阪で働きながら尾道で物件を探し始めた。

　尾道の中心部には500軒以上の空き家があると言われている。ただ物件化されていないため不動産屋にも情報は出ておらず、市が運営していた「空き家バンク」もまったく機能していなかった。空き家の情報をどうすれば得られるのか。空き家が散在する山手地区を幾度も徘徊しながら、地域の人や移住してきた人に話を聞いてまわった。その時に見た光景に愕然とした。今にも崩れ落ちそうな廃屋、映画のロケ地にもなったにもかかわらず何十年も空き家になっている洋館など、坂の街は悲鳴をあげていた。

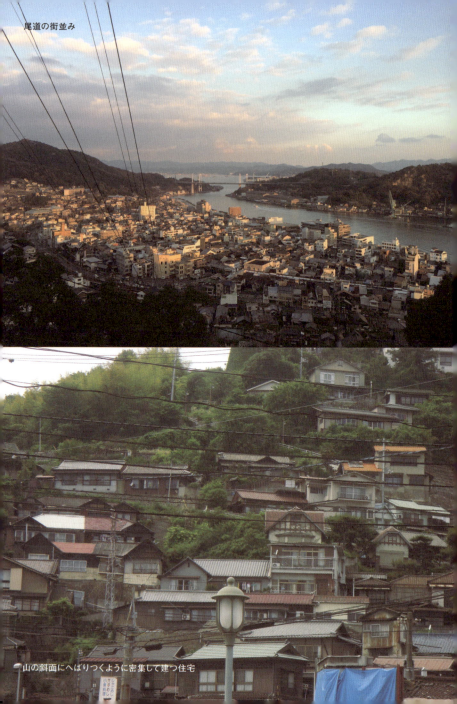

尾道の街並み

山の斜面にへばりつくように密集して建つ住宅

尾道の坂と路地

きっかけの場所 SPACE

「ガウディハウス」(旧和泉家別邸)
6年越しの空き家探しの末に巡りあい、
一目ぼれして200万円で買い取った。

　空き家探しを続けるうちに、尾道の空き家やコミュニティの情報や知識は豊富になっていった。そして2001年、母親が亡くなったことを機に尾道に拠点を移した。やがて尾道で知り合った大工の夫と結婚、出産、子育てという生活を送りながら、2007年、約6年に及ぶ空き家探しの末に巡りあったのが「ガウディハウス」だ。

　もともと寺と神社しかなかった「山手」と呼ばれる尾道三山（千光寺山、西国寺山、浄土寺山）の斜面地に、明治末期〜大正〜昭和の初め頃、尾道が港町として最も栄えた時代に、豪商たちが「茶園」と呼ばれる別荘住宅を建て始めた。その後、洋館や旅館建築、長屋などさまざまな時代のさまざまな様式の建物が斜面地にへばりつくように建てられ、尾道独特の景観をつくりだした。

　しかし、築50年以上の古い木造家屋の多くは私道のみに接し、現在の建築基準法では建て替えられない。車も入れない不便な斜面地にあるため、改修費は平地の3倍はかかる。上物を建替えられないために土地の不動産価値も落ち、解体撤去費用もかけられないまま空き家が放置されてきた。

　そうした空き家の1つが「旧和泉家別邸（通称ガウディハウス）」だった。

10坪の急斜面に貼りつくように建つ築80年の木造2階建ての洋館付き和風住宅で、大家さんの母屋の離れとして建てられ、25年間空き家だった。映画に何度も登場したこの建物は地元でも有名で、飾り屋根が幾重にも重なる外観など装飾過多な佇まいが通称の由来のようだ。

内部には曲がりくねった階段、タイル張りのかまど、防空壕をかねた地下室など特異な設計がなされ、大家さんのこだわりと昭和初期の大工さんの技術が贅沢に施された建築に一目ぼれして200万円で買い取った。

2007年から、工事の中断を挟みつつ、職人さんに基礎からつくり直してもらっていて、2017年には完全復元する予定だ。完成後は、イベント会場として貸し出したり、1棟貸しの滞在型の宿泊施設として利用することを考えている。

事業とお金の流れ　MONETIZE

空き家再生は、辛くて地味な作業の連続だが、楽しくイベント的に盛り上げて大勢で無理なくやれる仕掛けをつくる。

私個人で再生できるのは、一生かかってもせいぜい1〜2軒。活用まで考えると、個人では限界がある。ガウディハウスを買う前後に「空

ガウディハウス

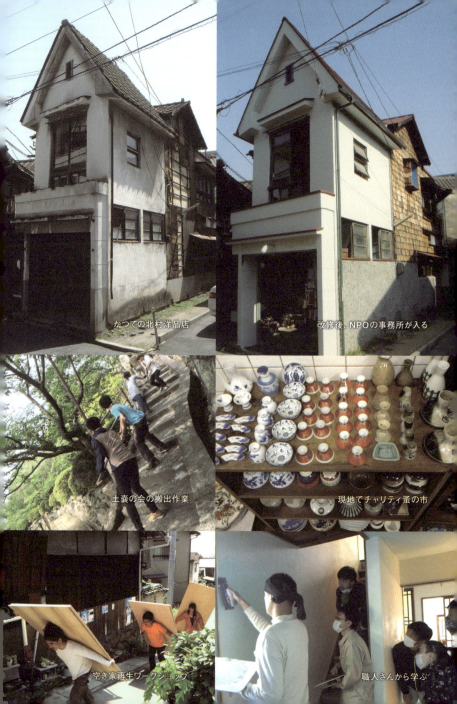

き家の情報がほしい」と私に連絡をくれた人は100人を超えていた。彼らに1人1軒ずつ再生してもらえば100軒の空き家を再生できる。木造の家は傷んでいくスピードも早い。できるだけ早く、たくさんの空き家再生の担い手を探す必要がある。こうして担い手の受け皿となる団体を立ち上げることを決心し、2007年7月に「尾道空き家再生プロジェクト」(以下、空きP)を設立した。設立当初から市が運営していた「空き家バンク」を立て直すことを視野に入れており、2008年にはNPO法人化し、2009年には「空き家バンク」の事業を受託した(詳しくは後述)。

　尾道で空き家に住もうと考える移住者の大半は、セルフビルドで再生したいと考えている。一軒家を格安で(場合によっては無償で)借りられて自分の好みに自由に改造できるのが醍醐味だからだ。大家さんには現状渡しで構わないという条件で格安で貸してもらう、もしくは工事中は家賃を免除してもらい、その分を工事費にまわすという方法で、工事費を極力かけないようにしている。工事費がネックになって空き家が増えているので、その問題を解消しなくては空き家再生は進まない。

　空きPでは、空き家探しから、内装工事、残された家財道具の搬出や改修資材の搬入などをサポートしている。改修費用は基本的に借主負担だが、会員割引で安くサポートしたり、ボランティアを募ったりするので、工事業者に丸投げするよりはるかに安く仕上がる。

　家づくりは、構造やライフラインなどは素人がやると危険だが、簡単な解体作業や内装の仕上げ作業は職人さんからやり方を教えてもらえば素人でもできることはたくさんある。もちろんプロの仕上げの

ようにきれいにはいかないが、味がある仕上がりになる。

　空きPでは、再生中の現場で、一般参加者向けに「尾道建築塾〜再生現場編」というワークショップ形式のイベントを随時開催している。講師は大工さんや左官職人さんで、左官作業、木工作業を職人さんの手ほどきを受けて行う。参加費は1500〜2000円で、再生作業の一部を担ってもらう。参加者は職人さんからプロの技を教えてもらえ、DIYの練習になり、お互いハッピーだ。また遠方の社会人や学生を対象にした「尾道空き家再生！夏合宿」では、1週間滞在して短期集中型で1軒の空き家をまるごと再生する。

　また家財道具がぎっしり残っている空き家では、「現地でチャリティ蚤の市」を実施。投げ銭方式で好きなものを持って帰ってもらい、運搬の手間を軽減し、家だけでなく中身もリユースし、売上げは修復費に充てる、まさに一石三鳥のしくみだ。車の入らないエリアでの大量のゴミだしや資材の運搬は地元の居酒屋グループ「土嚢の会」の若者が20〜30人集まり、人海戦術のリレー方式で作業をしてくれる。

　こうしたプログラムをフル活用した最初の物件が、現在空きPの事務所として使っている建物「北村洋品店」だ。ガウディハウスを購入してすぐ、私はもう1軒、空き家を買った。昭和30年代に建てられた木造2階建ての元洋品店の建物で、20年以上前から空き家になっていた。「リンゴを買うように嫁が家を買ってくる」と家族のヒンシュクを買いながらも購入を決断。「家をつくることを学ぶ家」というコンセプトで、改修することにした。屋根と構造とライフラインは職人さんに直してもらったが、内装は1年かけて12回のワークショップでのべ100人くらいの手で改修した。現在は、1階は子連れママさんたちの井戸

北村洋品店、出窓に設えられたアートユニット・もうひとりの作品「scab」

端サロンとして、2階は空きPの事務所として活用している。

　このように、普通に考えたら車の入らない不便な場所での辛い地味な作業の連続だが、それを楽しくイベント的に盛り上げて大勢で無理なくやれる仕掛けをつくっているのがポイントだ。また、こうしたボランティアが家を直す作業に直接関わることで、将来にわたって自分の関わった建物が街に残り、街への愛着も生まれる。

　自分たちで空き家を購入したり、借り上げて改修してサブリース等で運用する物件は、この8年で20軒ほどになった。こうした再生事業とは別に、空きPのもう1つの事業が、空き家の貸し手と借り手、売り手と買い手をマッチングする「空き家バンク」事業だ。

　不動産屋が手を出さない坂の上の古い空き家のマッチングを図る「空き家バンク」を、尾道市が全国に先駆けて始めた。しかし、当時は窓口業務が平日の日中のみ、物件情報も住所や築年数などわずかなデータが並んだエクセルの表が公開されているだけで、10年間で10軒ほどしか実績を上げられず開店休業状態だった。

　そこで空きPで空き家バンク事業を2009年に受託し、使いやすいようにしくみを改良した。遠方から空き家を探しに来やすいように、土日や夜間も窓口対応し、一度利用登録すればいつでも物件情報を閲覧できるウェブシステムを導入した。全物件の内部の実測を行い、間取り図をデータ化し、建物の写真も撮影、物件種別や設備だけでなく、空き家の状態をレベル分けし、特徴についても細かく分類し、物件情報を充実させた。

　その結果、毎月平均10〜15件ほどの新規利用登録者が訪れ、この6年で500人を超える移住相談を受け、80軒の空き家を新たな担

尾道市空き家バンクのウェブサイト

い手に渡すことができた。取引の形態は、賃貸、売買、譲渡、無料賃貸。2009年に空きPで引き継いだ当初は56件の物件掲載でスタートしたが、現在は家主さんからの提供も増え、140件ほどの物件を掲載している。しかし、空き家を待っている人が700人以上いて、マッチングできる空き家が足りない状態だ。

現在、空きPでは、個人では動かすのが難しい大型空き家の活用と若者の雇用、この2つの課題を解決するため、大型空き家のゲストハウスへの改修活用に取り組んでいる。

最初に手がけたのは、明治時代に呉服屋として建てられ、10年以上空き家になっていた商店街の町家。間口3.6メートル、奥行き40メートルの細長い建物で、通りに面した店舗から、奥に路地が伸びて

あなごのねどこ、路地

ゲストハウスあなごのねどこ

男女兼用ドミトリー

あくびカフェー

中庭、住居、裏庭、蔵が続く典型的な町家の造り。2011年から1年かけて再生工事を実施した。新しい合板をすべてはがして、明治期の壁を出し、廃校になった木造校舎の廃材をもらってきて建具や家具に活用した。

2012年にオープンしたゲストハウスは、尾道の名産あなごにちなんで「あなごのねどこ」と名づけた。1階は旅と学校をテーマにした「あくびカフェー」。運営は若い移住者や地元大学の卒業生を採用し、5人の雇用を生んだ。

そして現在、超大型空き家「みはらし亭」のゲストハウスへの再生に取り組んでいる。1924(大正10)年に千光寺の真下に建てられた絶景を望める別荘建築で、その後旅館として使われ、20年以上空き家になっていた。

建物が大規模で、登録文化財に指定されていて、場所は斜面地のかなり上部にあるため、今までのように少額の資金やボランティア中心で再生できるシロモノではない。私たちは重い腰を上げ、500万円を借り上げ、市の補助金も600万円申請し、クラウドファンディングで200万円を調達することを見込んで、改修に取り組むことにした。現在職人さんを中心に再生中で、2016年春のオープンを目指している。

「あなごのねどこ」は空きPにとって初めての本格的な収益事業だ。ゲストハウスを始める時は、500万円も借金をしてまでする必要があるのか悩んだ。それまでの取り組みは、サブリースで改修費をカバーできるくらいの家賃収入を得る程度のもので、事業をしている感覚はなかった。

ただ、空き家バンクを運営していくなかで、大きな空き家を改修するには何らかの事業を立ち上げる必要があることが見えてきた。そこで、自分たちでできる事業として始めたのが宿泊業だった。今後は1人旅の若者や外国人など、今まで尾道には来なかった旅行者のマーケットを広げていきたい。

運営組織のかたち　OPERATION

別々の活動をしつつ、大きなベクトルを共有し、何かを始める時に結集して終われば解散する、ゆるい協同組合的な形が理想。

　2007年に空きPを立ち上げた当初の専属スタッフは私1人。子育てをしながら、空いた時間を使ってボランティアでできる範囲で運営していた。

　空きPの14人の役員は、大学教員や建築士、不動産会社社長、デザイナーなど多様な分野の専門家で構成され、それぞれが得意な分野で活動をバックアップしてくれている。

　ボランティアとして活動に参加してくれる会員は、設立当初は50名ほどで、現在の会員数は207名。20〜30代の若いメンバーが中心で、自営業者、学生や主婦など、比較的自由に時間を使える人が多く、半数が実際に再生した空き家に暮らしている。NPOの会員間で再生工

ゲストハウスみはらし亭

改修工事の様子

事のノウハウも蓄積されており、移住を手伝ってもらった人が新たな移住者をサポートするしくみができている。

　今思えば、尾道らしいスタイルで空き家を再生していくというビジョンは掲げていたものの、組織運営やビジネスに関してはまったく無知な状態からのスタートだった。ただ、組織が嫌いな私としては、普段は別々の活動をしつつ、大きなベクトルを共有していて、何かを始める時に結集して終われば解散するような、ゆるい協同組合的な形をスタート時から考えていた。

　設立当時の運営資金はほぼ会費のみ（年間約50万円）で、手弁当でできる活動しかしていなかった。物件改修に資金が必要な際は補助金に応募していた。この8年で小さな物件再生を積み上げて、サブリースの物件から少しずつ家賃収入も入るようになった。そのほか空き家バンクの委託費、イベントの参加費、各種助成金で運営していたが、2012年にゲストハウスを始めてからは、収入も安定し自立した団体として活動できるようになった。

　こうして仕事と収入が増えていくのに合わせて、スタッフも増え、現在は6人の専属スタッフを抱えるまでになった。スタッフは改修現場で職人さんと一緒に作業をしたり、空き家バンクの事務局を担ったり、ゲストハウスの宿直をしたり、マルチに活動をしている。そもそも「雇用」という言葉が嫌いな私にとって、スタッフはパートナーであり、空き家問題に立ち向かう戦友のようなものだ。

尾道市旧市街地の4つのキャラクター

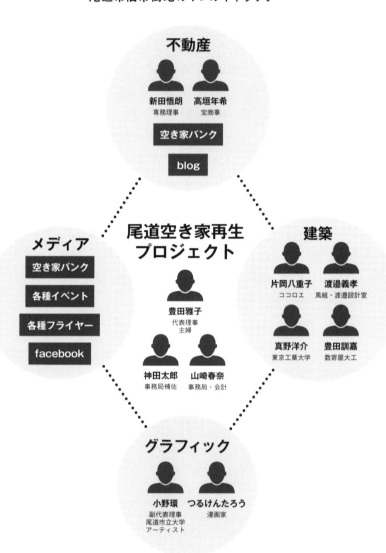

| 地域との関係 | CONSENSUS |

お化け屋敷みたいな廃屋を
再生して暮らしを営む風景は、
無関心だった人々の意識を変える。

　尾道の人たちは空き家に困っていると言ってはいるものの、自分たちで何とかしようとしているわけではなかった。私たちの活動に対しても、当初は「こんなボロボロの家をどうするの」といった感じで冷ややかな目で見る人も多かった。

　最初は空き家の大家さんを探すのも大変だった。法務局で調べたり、昔の電話帳で連絡先を探したり。ただ、尾道には昔ながらのコミュニティが残っており、そのエリアのことを隅々まで知っている元町内会長さんやお寺の住職さん、地主さんなど各エリアに重鎮のような人がいて、空き家の情報を提供してくれる。こうしたネットワークは、活動する上で非常に助かっている。

　またここ数年で空き家再生の実績を積み上げていくにつれ、私たちの活動への理解も深まった。お化け屋敷みたいな廃屋が人が暮らせる場所に生まれ変わる様子を目の当たりにすると、人々の見方も変わってくる。新聞やテレビなどメディアで取り上げられる機会が増えたことも大きい。

　私たちの空き家再生の活動を知って移住してくる人たちは、尾道の不便さを理解している。そして、都会にはない大事なものが残ってい

再生物件のマップ

上:NPOで再生した建物のグッズを制作販売
中・下:NPO発行の冊子、イベントのフライヤー

るところでライフスタイルを変えたいという志を持っている。そのような人たちには、地域の人たちとコミュニケーションをきちんと図り、地域に根づこうとしてくれる人たちが多い。

　尾道では15年ほど前から、空き家をリノベーションしてカフェや居酒屋を営んだり、アートや音楽活動を展開したり、同年代の人間が同時多発的にさまざまな活動を始めていた。お互いに仲も良く、それぞれに活動しながら組合のようなゆるい連携ができつつあった。お互いの活動を邪魔することなくうまく棲み分け、イベントなどでは連携している。

　また、尾道はUターンで帰ってくる若者が結構多い。Iターンの移住者も増えている。Uターン組とIターン組の若者同士はとても仲がいい。地元のお年寄りとIターンの移住者は関係づくりがうまくいかないことが多いが、尾道ではUターンの若者が両者をつないでくれている。

行政との関係　PARTNERSHIP

当時の役所にとって空き家は負の遺産。移住者が空き家の価値を発見し、ようやく行政も見直し始めた。

　空きPを立ち上げる前から、自分の観光業の経験を活かして、観光案内や国際交流のボランティア、市の景観条例の策定や町並み調査

の委員も務めたりしていた。建築やまちづくりについて素人でまだ若かった私が、空き家の再生や景観の大切さを行政や地域の町内会長さんに訴えても、彼らの反応は鈍かった。

　当時の役所にとって空き家は負の遺産だった。行政は民間の不動産に手を出せない。1軒の空き家に補助金を出すと、すべての空き家を補助しなければならない状況になりかねないからだ。それゆえ、臭いものにはフタをしておくような状態で放置されていた。私はそんな状況に苛立ち、仲間を募って自ら行動することにした。

　私たちの活動とともに移住者が増加し、彼らが尾道の暮らしを発信してくれ、それを見て移住者がさらに増えるという好循環が生まれた。その状況を目の当たりにした行政は、ようやく「空き家は負の遺産ではない」と考えるようになり、空き家再生促進事業として補助制度もスタートさせた。現在は「空き家バンク」の事業を市と協力して運営している。

プロモーションの手法　PROMOTION

泡のように開かれるイベントが、若者たちのコミュニティをつなぐハブになる。

　現在の一番のプロモーションは、年間を通して数多く実施しているイベントだろう。建築塾や夏合宿といった数十人規模のイベントだけ

美術や建築の本を集めた本の家

住民が手つくりしたあきちこうえん

本と音楽の店、紙片

アートの拠点、光明寺會館にあるAIR CAFÉ

小さなパン屋ネコノテパン工場

でなく、小さな空き家を使った5〜10人規模のイベントがジャブのようにじわじわと効果を上げている。建築やまちづくりに関するものだけでなく、移住者の漫画家さんの漫画教室など、内容も多彩だ。

　若者たちのコミュニティがすごくしっかりしてきたのは、そのようなイベントを継続してきた成果の1つだろう。Iターンの移住者もすぐに仲間になれるくらい、30〜40代の若者たちの交流がさかんで、それぞれの得意分野のイベントが泡のように生まれ、その中で参加者たちが掛け合わされて、さらに新しいものが生み出される日々が続いている。

`エリアへの波及` `IMPACT`

暮らしやコミュニティを再生できるのは、行政でも不動産屋でもなく、市民が中心となったNPOの役割。

　活動を始めて8年が経ち、尾道スタイルのまちづくりが定着してきた。空きPで再生した家が約20軒、私が個人的にお世話した家が20軒、空き家バンクでマッチングした家が80軒、私たちが関わったものだけでも合計120軒が再生された。

　たとえ空き家を再生しても、人々の暮らしが戻ってこなければ、本当の再生ではない。空き家の再生を通じて、住民の暮らし、コミュニティを再生できるのは、行政でも不動産業者でもなく、市民が中心となっ

た私たちNPOの役割だ。私たちは空き家再生のサポートだけでなく、創業のサポートもする。これまで100人以上の移住に関わり、10件以上の創業を後押しした。

　たとえば若い夫婦が営むパン屋「ネコノテパン工場」。店舗は、築80年、広さ3坪、木造2階建ての空き家を夫婦がセルフビルドで改装した。内部の解体作業や壁塗りをボランティアで手伝ったり、7人がかりで120キロもするオーブンを運び込んだり、2009年に店がオープンする前から近隣の住民を招いた試食会をガウディハウスで開いたりした。こうしたステップを重ねることで、お客さんが1人しか入れない世界一小さいパン屋は、オープン当初から地域で愛され繁盛店となっている。

　ネコノテパン工場の周辺では、その後カフェや陶房などもオープンして、若い夫婦の移住が進み、6軒の空き家が埋まった。この数年で3人の子どもが生まれ、若い家族を中心に空き地を公園にしたり、人の往来が増え、コミュニティは確実に再生してきている。

継続のポイント　MANAGEMENT

不便なこと、お金がないことはマイナスではない。今あるものを組み合わせ使い倒せば、ゼロから考えるより新しいものを生みだせる。

三軒家アパートメントにある卓球場、天狗プレイ場

三軒家アパートメントの中庭

尾道空き家再生プロジェクトのメンバー

ゲストハウスをオープンしてから、最初は旅人として尾道を訪れ、その後移住してくる人たちも増えた。現在の寝床長（店長）も、最初は旅人としてやってきた若者で、ひと月ほど滞在して尾道の魅力にはまり、ゲストハウスのスタッフとして働き始めた。先日家を買い、東京にいた彼女、カナダにいた両親を呼び寄せた。

　尾道を出ていく若者もいるが、新たにこの地を選んで都会から移住してくる若者も後を絶たない。不便ななかに豊かさを見出せる価値観を持ったたくさんの若者に住み継いでもらうことが、この街にとって一番だ。

　私たちの活動は、そこにある材料をうまく使って空き家を再生すること、この街に集まる才能をうまく活用すること、つまり空間のつくり方と物事の進め方が相似形をなしている。不便であること、お金がないことはけっしてマイナスではない。不便だから、お金がないから、人は考え工夫する。あるものを限界まで組み合わせて使い倒すことで、逆にゼロから考えるより新しいものを生みだしてきた。

　何の専門知識もなく、ただ情熱一筋で事を起こす私に、建築や不動産の専門家、アーティストやクリエイターといった多くの仲間が力を貸してくれてここまでやってきた。そして何より嬉しいのは、私たちよりひとまわり若い世代にその熱が伝わり始めていることだ。大学生や若い移住者が見捨てられた古い空き家に新たな風を吹き込んでくれる。彼らは新しい感覚で尾道らしさを発見し、それが見えなくなってしまった人たちの意識まで再生してくれる。常に新しい風が吹き込む風通しのよい環境をつくること、それが私たちの仕事だ。

④ 尾道市旧市街地

変化の兆し
尾道市中心部には約500軒の空き家がある。山の斜面に建つ築50年以上の家屋は私道のみに接し、建築基準法では建て替えられず、改修・撤去費用もかさみ、空き家が放置されてきた。

きっかけの場所
旧和泉家別邸（通称ガウディハウス）／築80年の洋館付き和風住宅を豊田氏が購入し改修。

事業とお金の流れ
空き家再生の担い手の受け皿としてNPO法人尾道空き家再生プロジェクトを立ち上げ、尾道市から空き家バンクの事業を受託。ゲストハウス開業後は収入が安定し、自立した団体運営が可能に。

運営組織のかたち
NPO法人尾道空き家再生プロジェクトの専属スタッフは現在6名。建築、不動産、デザイナーなどの役員が14名、自営業者や学生、主婦などの会員207名が所属。

地域との関係
15年ほど前から空き家をリノベーションして飲食店を開業したり、アートイベントを開催する若者が増え、お互いゆるやかに連携しながら活動を展開している。

行政との関係
尾道市は空き家再生に消極的だったが、豊田氏らの活動によって移住者が増えるにつれ、空き家再生の補助事業をスタート、空き家バンクをNPOに委託、共同で運営している。

プロモーションの手法
豊田氏の個人ブログが活動の発端。空き家再生の現場で、職人から教えてもらいながら再生作業を行うワークショップを随時開催。年中開催されているイベントが最大のプロモーション。冊子やマップなど広報ツールの制作も意欲的。

エリアへの波及
豊田氏やNPOが関係した事例だけで、8年間で約120軒の空き家が再生。若い夫婦や家族の移住でコミュニティ活動も活発に。

継続のポイント
空き家探しから内装工事のサポート、移住後の創業、地域の人たちとの交流まで、若者が移住しやすい環境づくりに注力する。

05

長野市善光寺門前

倉石智典

くらいし・とものり
株式会社 MYROOM 代表。1973 年長野市生まれ。慶應義塾大学総合政策学部卒業。都市計画事務所、大手不動産会社を経て、2004年家業の工務店に勤務。2010年にMYROOM 設立。空き家見学会、物件探し、商品化、仲介、設計、施工、運営管理までを自社で引き受ける事業体制が特徴。2014年建築家、デザイナー、編集者らとCAMP不動産プロジェクトを立ち上げる。

変化の兆し　SIGN

空き家のリノベーションを仕事にしたいと、会社を立ち上げた2010年。
善光寺門前を変える場所や人に出会う。

　「空き家の未来をデザインする会社」。これをコンセプトに、空き家を仲介してリノベーションをする会社MYROOMを2010年に立ち上げた。

　生まれ育った長野の生活が退屈で、高校卒業後、慶應義塾大学総合政策学部に進学。経営学を学んでいたが、そのうちサーフィンにはまり、卒業まで7年半もかかった。卒業後は都市計画コンサルタントや観光施設の企画運営会社を経て、不動産販売会社で中古住宅・マンションの仕入れ、査定、販売の業務に就く。

　その後2004年、31歳の時に長野に戻った。実家が工務店を経営していて、特に建設業に興味はなかったが、現場で重機を動かしたり、左官仕事をしながら、現場管理や営業について学んだ。当初は図面も読めなかったが、二級建築士の資格も取得した。

　6年くらい経った頃、メディアで「空き家」という言葉が目につくようになった。同じ頃たまたま手にした「東京R不動産」の本にも影響を受け、空き家をリノベーションする仕事を長野でもやりたいと、会社を立ち上げた。

　善光寺門前で仕事をするようになったのは、事務所を「カネマツ

(KANEMATSU)」(詳細は後述)というシェアオフィスに構えたことがきっかけだ。

　会社を設立する際にマーケットとして見据えていたのは中古住宅の買取再販の仕事だったが、資金も実績もなかったので難しかった。

　また、善光寺周辺には古い問屋や商店が多く、住宅が少なかった。もともと善光寺の門前として栄え、空襲に遭っていないので、歴史のある木造建築や土蔵が数多く残り、車が入れない路地もたくさんある。表参道は土産物屋で賑わっていたが、1本脇道に入った通りはかつて、問屋街や商店だったところで、空き家も増えていた。善光寺周辺の土地の多くはあまり流通していなかったようだ。

　地元の企画編集室「ナノグラフィカ」との出会いも大きかった。音楽や演劇をやっていた地元大学の卒業生たちが立ち上げた集団で、古民家でカフェを営業したり冊子を発行したりしている。彼女たちが自分のまちや暮らしの楽しさを広く知ってもらいたいと、2009年に始めたのが「長野・門前暮らしのすすめ」という活動だ。定期的に開催するまち歩きや手づくり市、空き家見学会などを通して、門前で暮らす人と訪れる人が一緒に門前を楽しもうというプロジェクトだ。2010年にスタートした空き家見学会の第1回目に参加したのが出会いのきっかけだ。2回目からは運営メンバーとして関わるようになり、この見学会が空き家の仲介という仕事の糸口にもなった。

　カネマツがオープンしたのが2009年、僕がMYROOMを始めたのが2010年。この頃に、善光寺門前エリアが変わるきっかけをつくった人たちが一気に長野に戻ってきたり起業したりし始めた。

シェアオフィス、カフェ、古書店等が入るカネマツ(上)、改修前(下左)、改修後のシェアオフィス(下右)

企画編集室ナノグラフィカ

喫茶室

きっかけの場所　SPACE

「カネマツ」
建築家らが立ち上げたLLPボンクラが運営する
シェアオフィスに事務所を構えた。

　長野に戻った当時、「カネマツ」はまちの変化の発信源として注目されていた。カネマツは、地元の建築家・広瀬毅（広瀬毅｜建築設計室）や宮本圭（シーンデザイン建築設計事務所）ら7人が立ち上げたLLP（有限責任事業組合）「ボンクラ」が開設・運営するシェアオフィス。2009年にビニール問屋の土蔵倉庫をリノベーションした施設には、その後、カフェ、古書店などが入居するようになる。

　僕が入居した当時、カネマツには、広瀬や宮本のほか建築家の羽鳥栄子（アトリエハトリ）、山岸映司（ヤマギシスタジオ）、古後理栄（広瀬毅｜建築設計室）、グラフィックデザイナーの太田伸幸（マンズデザイン）、編集者の山口美緒（編集室いとぐち）が、LLPのメンバーとして入居し、管理運営をしていた。空き家を仲介するという仕事をスタートさせたばかりの自分にとっては、自分の業務に関わる人の出入りが多いシェアオフィスという場所は、営業や協業のチャンスに恵まれていた。

　MYROOMで最初に手がけたのは「1166バックパッカーズ」というゲストハウス。運営するのは、ホテルに勤務していた飯室織絵。退職して1人でゲストハウスを開業しようと、長野で場所を探していた彼女は、ナノグラフィカ主催の「空き家見学会」のイベントで見つけた古

民家をゲストハウスにリノベーションした。もともと旅行会社の事務所兼倉庫だった建物で、道路に面した事務所の建物と奥の住居の建物が別々に建てられていたものを、壁を抜いて1つの建物にし、元事務所の建物はラウンジに、元住居の建物は客室兼水回りに改装した。最初の物件を実現できたことで、他の物件の大家さんの意識が変わったり、新しい入居者を呼び込むきっかけになった。

その後2014年に、宮本、太田と僕は、文房具卸会社の倉庫をリノベーションした「東町ベース」に事務所を移す。1階が作業場、店舗、アトリエ、住居、2階に僕らのオフィス、3階は古い家具や建具の倉庫。現場が増えるにつれて、リノベーションの打ち合わせや作業を一緒にできる共有スペースが必要だった。

事業とお金の流れ　MONETIZE

仲介・設計・施工・管理をすべて手がけ、トータルで売上げる事業スキームを構築。

MYROOMは、不動産業・建設業・設計業をすべて自社でできる体制を基本にしている。物件探し、仕入れ、調査、商品化、案内、仲介、設計デザイン、施工、運営管理までが業務の流れだ。リノベーションの建築の仕事から、店舗を起業したい人には開業までのコンサルタント、シェアオフィスを手がける際には、自社で管理規約を作成し、入

居者を集め、引渡し後の管理まで行っている。

　MYROOMの仕事は、まず空き家を探すことから始まる。手がけるエリアは、善光寺から歩いて10〜15分くらいのエリア。門前は昔から商売が盛んだったので、店舗向きの物件が多いが、最近はもう少しエリアを広げて、郊外の住宅街や長野駅周辺までの約2キロの範囲で、住居向けの物件なども取り扱うようになった。

　工事が始まると、現場に頻繁に行かなくてはいけないので、できるだけ自転車ですぐに駆けつけることのできる範囲内で物件管理を行うようにしている。それくらいのエリアであれば、大家さんと会う機会も多く、安心感を持ってもらえることにもつながる。

　空き家は自転車でまちを巡りながら見つけることが多い。電気メーターが外れている家、ツタが絡まっている家、雪かきをしていない家などが空き家のサインだ。長野駅周辺ではテナント募集の看板のかかっている、オーナーが資産価値を認めて不動産屋が管理している物件を見かけるが、善光寺の周辺ではそのまま放置されている空き家が多い。維持管理が大変、自分の代で壊すのが忍びない、壊すにしても周りの目が気になるなどの理由で空き家になる。

　空き家が見つかったら、大家さんを探す。謄本を取り寄せ、大家さんに直接会いにいく。10件分の謄本を取り寄せて、そのうち1件の所有者情報がわかればいい方で、大家さんがわからないことの方が圧倒的に多い。さらに、そこから10人の大家さんを訪ねていって話に乗ってくれる人は1〜2人。確率的に言えば1〜2％。

　この作業が真似できないとよく言われるが、こうした物件探しや大家さんとの関係づくりを僕自身は全然苦にならない。最終的に商品化さ

れなくても、大家さんから昔のまちの話を聞いたり、建物の中を見せてもらえるだけでわくわくする。大家さんから預かった空き家は、ウェブサイトでも紹介するが、主に空き家見学会を通して借主に紹介する。

　空き家活用の基本は、使い手である借主さんが、自分が使いたい物件を探して、大家さんと交渉して、プランを考えて、全部自分でつくるのがいいと思っている。しかし借主さんには経験や知識が少なかったり、お金や時間が足りないところを建築家や不動産屋といった専門家が引き受けるというスタイルで進めている。このスタイルは、自分が事業を始める時に、たまたま気になった契約建物と人に出会って、自分で事務所をつくって、知り合いができて、事業が広がっていったという、僕自身の原体験によるものだ。

　一般的な賃貸契約では、改修の費用と責任は大家負担が基本だが、MYROOMで仲介する物件は改修費用（約100〜500万円）を借主さんに負担してもらっている。借主さんに用途目的に合わせて投資をしてもらい、一緒に事業計画を練ることで、借主さんや建物のこともしっかり大家さんに紹介でき、そうすることでご近所さんともうまく付きあえ、長く入居してもらえる。事務所に来て物件の相談をする借主さんは市外県外からの転入者も多く、一定の社会経験を積み、開業資金や事業計画を立てている方も多い。そして開業者の9割以上がこの地で事業を継続させている。

　善光寺周辺で空き家をリノベーションして事業を始める人は、セルフリノベーションの希望者も多い。しかし、借主さんに全部任せて、万が一事故が起こったり大家さんの信用を失うと、マーケットが潰れてしまって、仕事がしづらくなる。そもそも水道工事や電気工事は、

資格のある工事業者でないとできない。

　セルフリノベーションは工事費を安くするためではなく、建物を体感してもらうためにやっている。自分で建物に触れることで、古い建物の暑さや寒さへの抵抗が和らいだり、建物は手入れをしながら使っていくものだと実感できるようになる。借主さんにセルフリノベーションでおすすめしているのは、まずは解体時の片づけと掃除。片づけや掃除をやると、その建物のことがわかり、愛着やどう使うかイメージがわいてくる。それから内装仕上げと照明器具や家具選びなどだ。

　プランは基本の平面図とイメージパースぐらいで、建築士さんには書き込みすぎないようにお願いしている。借主さんの持っている店舗や暮らしへのイメージと建物とを重ねあわせつつ、大工さんと現場あわせでつくっていく。借主さんの事業計画（何年くらい借りて、どれくらいの売上げを見込んでいるかなど）と予算を聞いて、概算の見積もりを立てるが、現場あわせでは事前に詳細な図面を起こせないため、詳細な見積もりではなく、工程表も比較的ゆるく組んで進める。

　大家さんは改修費の負担もなく、紹介された借主さんがどういう使い方をするかを事前に知った上で貸せるので、リスクは非常に少ない。借主さんと大家さん、そして空き家と周辺の街並み、工事・管理する業者さんたちとの相性を直感的に見て、マッチングをさせていくのはある程度経験と想像力が必要だ。

　MYROOMの売上げの約7割は建設工事費で、仲介・設計・施工・管理と各業務に対する報酬金額に差はあっても、全部をくっつけることで売上げが立つように組み立てている。そこで、いずれかの業務を切り離して外注すると、フィーの配分が合わなくなったり、責任の所在

店舗、オフィス、アトリエ、住居等が入る東町ベース。
CAMP不動産の会議の議事録が1階の窓ガラスに書かれ公開されている

東町ベースに改修前の倉庫

1階作業場

2階にMYROOMのオフィスが入る

が不明瞭になるという問題も生じる。最近では扱う物件が増え、家賃の10％程度の管理手数料の売上げも大きくなりつつあり、建設工事費で売上げを立てていた当初の状況から変化している。

運営組織のかたち　OPERATION

1人で全部こなす事業経営から、まちの多様な人々が関わりあう、CAMP不動産というアライアンスへ。

　仕事は基本的に全部1人でやってきたが、二級建築士の自分では手がけることのできない規模の大きな物件は、外部の建築家に設計をお願いしていた。現在は2人のスタッフと連携しながら仕事をしている。

　また、1つの会社が狭い地域でこれだけの物件を抱えるようになると偏りができてやりづらくなる部分も出てくる。そこで、2014年にスタートさせたのが「CAMP不動産」というプロジェクトだ。

　CAMP不動産はカンパニー制で、ある1つの事業ごとに関わりたい建築家、不動産屋、デザイナーらが手を挙げて事業会社のようなものをつくり、事業が終われば解散するしくみ。不動産の契約や工事の契約はMYROOMに1本化して責任を負いつつ、パートナーさんや事業者さんと事業を行い、その収益をみんなで分けあうしくみをめざしている。メンバーは固定化せず、法人化もしていない、フリーラン

長野市善光寺門前の4つのキャラクター

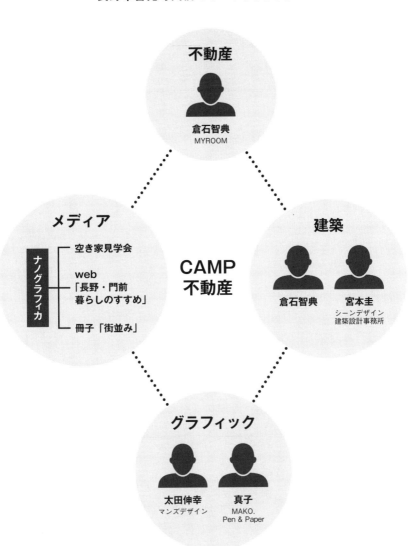

東町ベース、1階エントランス

スの人たちが緩やかなアライアンスを結ぶ乗り物のようなものだ。

　立ち上げメンバーは、建築家の宮本、デザイナーの太田、ナノグラフィカの編集者・増澤珠美、スケッチジャーナリストの真子、不動産業の僕の5人を中心に、大工さんや電気屋さんなども参加してくれている。

地域との関係　CONSENSUS

善光寺界隈で商売を営むまちには外からやってくる人々を受け入れる開けっぴろげなDNAがある。

　2009年にカネマツができた当初は、地域の人たちから「外から変な人たちが来た」と締め出されがちだった。でも地域の人たちと一緒に雪かきをしたり、祭りに参加したりすることで少しずつ気心が知れてくると、「若い人たちが来てくれて賑やかになった」と地元の人たちの印象が変わっていった。

　善光寺には千年以上の歴史があり、全国から参拝客が訪れる。地元の人たちは、「善光寺さん」と親しみを込めて呼び、その周りでお店を出させてもらって暮らしているという感覚が根強く、外からやってくる人々を受け入れる、開けっぴろげなまちのDNAがあるのかもしれない。

　新しく門前で活動する者同士の交流も活発だ。まず、学生やアーティストがこのエリアに注目し始め、それから建築家やクリエイターが

集まるようになると、次にカフェが増え始めた。その後はいろいろな店舗ができ、事務所や店舗を構える人たちの住居も増えていった。

　空き家をリノベーションする人たちは、フリーランスや自ら起業する人も多く、お互いに応援しあっている。フリーマーケットなどの交流イベントは、市内の各地でよく開催されており、横のつながりも強い。

行政との関係　PARTNERSHIP

行政にやってもらいたいのは、補助金による空き家活用政策ではなく、条例等の環境整備をしてもらうこと。

　本来、行政は民間の建物を公平に扱わないといけない立場にあり、与条件の違う空き家の活用事業とは相性が悪い。長野市はこれまで、特にこれといった空き家活用政策をとらず、民間の活動を温かく見守ってくれていた。

　しかし、地方創生の予算がつき始めた途端、空き家活用に補助金をつける施策を打ち出し始めた。補助金をつけて物件数や移住者を増やすことだけに注力する制度では、誰でもいいから空き家の入居者を募集することになる。僕らは手間のかかるプロセスを経て、建物とまち、あるいは内の人と外の人との相性を見極め、まちを楽しみながら使ってくれる方にこのまちに来てもらいたい。

上：ウェブサイト「長野・門前暮らしのすすめ」
中：キャンプ不動産のプロジェクト・ガイドブック
下：ナノグラフィカが発行する冊子『街並み』

空き家見学会

ナノグラフィカが以前開催していた西の門市

行政にやってもらいたいのは、補助金による空き家活用政策ではなく、条例等のガイドラインをつくって環境の整備をしてもらうこと。ガチガチの法律でなく、行政、空き家の持ち主、事業者等が空き家の活用においてそれぞれに役割を発揮できる緩いガイドライン。各地域や個別の空き家によって運用の解釈がいろいろ出てくるので、成功・失敗事例を蓄積し、それをオープンにして共有するプラットフォームをつくってほしい。

　今はもう建物やまちを計画してつくっていく時代ではなく、あるものを使って、地域ごと、使う人ごとに現場に適合させながら運用していく時代。行政には、前のめりでなく、あくまで外側の環境整備に取り組んでもらいたい。

プロモーションの手法 | PROMOTION

空き家見学会を毎月開催。
活用されている店舗やオフィスの活動が
最大のプロモーション。

　ナノグラフィカでは2005年から『街並み』という、長野のまちの風景や人々の営みを、各号につき1テーマで編集した冊子を発行してきた。また彼女たちの運営するウェブサイト「長野・門前暮らしのすすめ」は、善光寺門前で起こる出来事の発信源となっている。こうした地

元の暮らしを発信するクオリティの高いメディアが、長野に移住者を呼び込む1つの要因だろう。

　毎月開催している空き家見学会も、大きなプロモーションになっている。見学会は月に1度のペースで、2時間ほどかけて、5〜6軒ほどの空き家を巡る。毎回20名ほどの参加者があり、20〜30歳代がメインで、市外県外の人が約半数を占める。これまでに手がけたゲストハウスや店舗を訪れた人たちの口コミを聞いたり、「長野・門前暮らしのすすめ」のサイトを見て参加する人が大半だ。見学会をまち歩きとして楽しむ人もいれば、物件を探すことを目的としている人もいる。

　見学会では、空き家だけでなく、実際に活用されている物件も見学する。beforeとafterの状況を現場でリアルに見られることが、参加者のイメージを喚起する。実際に活用されている店舗やオフィスの活動そのものが最大のプロモーションになっている。だから、小さなエリアにできるだけ集積をかけることを意識的にやっている。集積させることで、それぞれの入居者が営業マンになってくれて、新しい入居者を呼び込んでくれる。

エリアへの波及　IMPACT

5年で手がけた物件は80件。
空き家をリノベーションして暮らすこと、
まちを題材に仕事をする人が普通になってきた。

権堂パブリックスペースOPEN
上:母屋2階「トリノコ」で開催したイベント
中:不定期で開催しているOPENMARKET
下:改修前

開業して1年目は2件の物件を手がけるのがやっとだったが、2年目には10件、3年目には30件と実績も次第に増え、開業から5年で80件ほどを手がけるようになった。入居者の多くはアーティストやデザイナー、カフェなどの経営者で、オフィスや店舗の利用が多い。

　ここ1～2年は物件数も落ち着いてきた。入居希望者も3年ほど前はすぐに始める人が多かったが、現在はいろいろ考えて選ぶ人が増えてきた。空き家をリノベーションして暮らすことが当たり前になりつつあるせいかもしれない。昔は地方には仕事がないと思われてきたが、MYROOMでお世話した借主さんたちを見ていると、まちが仕事になると思っている人、コミュニティを題材に仕事をする人が確実に増えていると感じる。僕もその1人だ。

　上田、須坂、松本など近隣の都市でも、空き家をシェアオフィスなどにリノベーションするような動きが出てきた。その地域で、物件を紹介してくれる不動産屋がいない、工事をしてくれる施工会社がないということで、MYROOMに声をかけてもらうこともあるが、地元でないとすべてをフォローすることは難しい。そこで他の地域でも不動産から施工までやれる職能の人間が増えたらと思い、一緒に現場経験を積む研修生を受け入れている。研修生には地元の工務店の二代目・三代目に当たる若者もいて、彼らには宅建と建築士の資格を両方取得することを勧めている。

　MYROOMで蓄積したノウハウはすべてオープンにして、共有できる人たちとネットワークをつくりたいと考えている。パートナーが広がることで、大家さんや借主さんにもより認知されるようになり、マーケットも広がり、僕らも仕事がしやすくなるはずだ。

継続のポイント　MANAGEMENT

「空き家をデザインする」には、形だけでなく、関わりをきちんとつくっていくプロセスが大切だ。

　僕のやっている仕事は、1つの物件を仕入れて、プランニングして、リノベーションして引き渡して終わりではない。借主さんからの入居後の相談、近隣住民との関係構築といったソフト面の支援も重要だ。借主さんに空き物件を上手に使ってもらい、それを見てこの地で開業したいと思う人が継続していくという循環を促し、地域全体をサポートするのが仕事だと考えている。

　MYROOMの事業では、「誰に使ってもらうのか」、つまり借主さんをすごく意識している。物件の仲介は仲人のようなもので、空き家はたくさんあるけれど、借りたい人なら誰に貸してもいいわけではない。大家さんにとっても、建物にとっても、まちにとっても、相性のよい借主さんをマッチングする。

　不動産屋は高く早く売れる物件がいい。建築士はリノベーションだけして引き渡して終わる方が楽。だから、いい物件を安く長く使いたい借主さんとの利害が合いにくい。MYROOMでは、借主さんから管理手数料をいただいているが、長く使ってもらえるほど安定した収入を得られる事業スキームにすることで、お互いの利害を合わせるようにしている。そして借主さんに自己負担で改修して長く使ってもらう

さをり織り体験ができるオリカフェ

オリカフェ、店内

旅館をリノベーションしたアソビズム長野ブランチ

新小路カフェ

ためには、物件探しから、プランづくり、開業支援までを一緒に行い、信頼関係を築くことが欠かせない。

　僕は、空き家を問題だとは全然思っていない。逆に空き家にすごく可能性を感じている。空き家のリノベーションを通して、空間が変わるだけでなく、外から来た人と地元にいた人が建物を通して「関わり」をつくっていくきっかけになる。しかも結果が形になってわかりやすく残っていくのが、空き家のリノベーションの面白いところだ。

　空き家の活用という見えている姿は同じでも、関わり方の違いによって全然違う結果になりうる。「空き家をデザインする」には、形だけでなく、関わりをきちんとつくっていくプロセスが大切だ。

　いろいろ職を変えてきた僕が、初めて飽きずにやれる仕事に巡り会えた。この仕事は、大家さんや借主さんなど関わる人間、物件によって同じものが2つとないことが、面倒でもあり面白さでもある。不動産業や建築設計業だけでは続いていなかったと思う。今の仕事はこれまでの仕事をすべて統合したようなもので、自分にはこうした仕事が性に合っているようだ。

　今は長野の仕事に取り組んでいるが、子どもが大きくなったら、海のある場所、たとえば伊豆や鎌倉あたりでもまた仕事をしてみたい。昔からライフステージの変化に応じて違う場所で暮らしたいという願望が強い。好きな時に好きな場所で仕事をする、そんな身軽なスタイルで全国を巡ってみたい。

長野市善光寺門前

変化の兆し
善光寺門前の表参道を1本脇に入った元問屋街の通りに空き家が点在していた。地元の編集集団・ナノグラフィカが「長野・門前暮らしのすすめ」という情報発信活動を始め、ウェブや冊子の制作、空き家見学会などのイベントを開催。

きっかけの場所
カネマツ／地元の建築家やデザイナーらが立ち上げたシェアオフィス。倉石氏が最初の事務所を構える。

事業とお金の流れ
不動産業・設計業・建設業（物件探し、仕入れ、調査、商品化、仲介、設計デザイン、施工、運営管理）まで、すべて倉石氏の会社MYROOMで手がけられる体制。

運営組織のかたち
MYROOMの仕事は、倉石氏1人でやることが基本だが、2014年からCAMP不動産というプロジェクトを立ち上げ、建築家、デザイナー、編集者らとチームアップして行う体制も構築。

地域との関係
ナノグラフィカやカネマツに所属する建築家、デザイナー、編集者らが情報を発信し、人々の交流を生みだす地域のハブになっている。

行政との関係
なし。

プロモーションの手法
毎月開催されている空き家見学会が最大のプロモーション。善光寺門前の暮らしについてはナノグラフィカが、ウェブサイトや質の高い冊子等で情報を発信。

エリアへの波及
倉石氏が手がけた空き家だけで、5年間で80件ほどになる。

継続のポイント
不動産・設計・建設を一貫する複合的な仕事のやり方、建物のリノベーションだけでなく、開業支援、近隣との関係構築など、入居後まで丁寧に対応する、倉石氏のマネジメント力。

06

北九州市小倉・魚町

嶋田洋平

しまだ・ようへい
株式会社らいおん建築事務所代表取締役、株式会社北九州家守舎代表取締役、株式会社都電家守舎代表取締役、株式会社リノベリング代表取締役、株式会社タンガテーブル代表取締役。1976年北九州市生まれ。東京理科大学理工研究科建築学専攻修士課程修了後、建築設計事務所みかんぐみを経て、2008年らいおん建築事務所を設立。福岡県北九州市小倉、東京都豊島区雑司が谷でリノベーションまちづくりを実践中。

変化の兆し SIGN

これからの日本は
新たに建物をどんどん建てられる
状況ではなかった。

　僕が東京の大学を出て建築家になれたのは、福岡県北九州市小倉魚町(うおまち)の商店街に建つあるビルのおかげだ。15年後、まるごと空き家になったそのビルの再生を頼まれたことをきっかけに、リノベーションまちづくりの仕事がスタートした。

　僕は、祖父が1955年に八幡市(現在の北九州市八幡西区)につくった「らいおん食堂」のこせがれとして生まれ育った。当時の八幡は八幡製鉄所に代表される製鉄の街として栄え、らいおん食堂は鉄工所で働く労働者たちで賑わい大変繁盛していた。毎日店を開けよく働く商売人の家庭で育ったことは、現在の僕の仕事に大きく影響している。

　八幡の高校時代に見た磯崎新設計の北九州市立美術館に衝撃を受け、建築家になろうと決心し、東京理科大学に進学した。大学院修了後に就職した設計事務所・みかんぐみでは愛知万博のトヨタのパビリオンなど華々しいプロジェクトに没頭する毎日を送った。

　そして、独立することを考え始めた2008年頃に関わっていたのが、鹿児島の「マルヤガーデンズ」の仕事だ。もともと丸屋という地場のデパートに25年前から入居していた三越が撤退を決め、その跡を「マルヤガーデンズ」として再生するというプロジェクトだった。

この当時、マルヤガーデンズのように、地方の大きな商業施設でテナントが撤退して空きビルになる例が日本全国で起こっていた。そしてこのプロジェクトで一緒に仕事をしていたコミュニティデザイナーの山崎亮（stdio-L）から、日本では今後、人口がどんどん減少し、インフラの維持が困難になるという話を聞き、ショックを受けた。これからの日本は新たに建物をどんどん建てられる状況ではなかったのだ。16歳の時から憧れていた建築家という仕事、独立して建物を建てまくって活躍するという夢が崩れ去った瞬間だ。

　しかし、僕は商売人のこせがれらしく、頭は柔軟だ。夏にはカキ氷、冬にはうどんを売って商売を成功させていた祖父のように、人が求めるものを売りにすれば仕事になるはずだと考えた。そこで、今社会は何を必要としているのかを考え、浮き彫りになってきたのが、全国で増加していた空き家の問題だった。空き家をうまく使えるようにすることが仕事になる時代が必ずくる、リノベーションを仕事にしようと思い始めた。

　ちょうどその頃、父からある相談を持ちかけられた。小倉魚町にある「中屋ビル」という物件がまるごと1棟空き家になるという。以前から父はそのビルの地下でゲームセンターの運営を手伝っていた。そのゲームセンターは年商2億円以上の莫大な売上げを中屋ビルにもたらしたそうだ。「あんたが東京の私立の大学に行けたのは、あのゲームセンターと中屋ビルのおかげ」と母に言われ、中屋ビルが僕の人生に与えた影響の大きさを初めて知った。それなら、この建築家という職能をもって恩返しすべきだ。中屋ビルの再生プロジェクトに関わることは、僕の宿命だと思った。

現在の魚町銀天街

かつての魚町銀天街

改修前の中屋ビル木造棟

メルカート三番街

| きっかけの場所 | SPACE |

「中屋ビル」
建物の改修だけでなく、テナント誘致とビル運営まで自分がやらなくてはならないことに気づいた。

　北九州市は1963年に小倉、門司、戸畑、八幡、若松の5市が対等合併して生まれた人口約100万人の都市だ。戦後、重工業の街として発展したが、1980年代頃より、産業構造の変化によって人口が減少し始めた。たとえば最盛期に7万人いた八幡製鉄所の従業員は現在2800人まで減っている。製鉄所のような大企業で働き、商店街で買い物や飲食の消費をした顧客を失った中心市街地は徐々に衰退し始めた。

　1990年代の半ば、僕が高校時代に通った小倉の街は、ローカルな店もあれば、東京から出店してきた店もあり、1日中歩き回って楽しい街だった。中屋ビルの相談を受けて、久しぶりに小倉を訪れたのが2009年末。商店街には全国チェーンのコンビニ、ドラッグストア、カフェが立ち並び、少し離れると空き店舗が溢れているという状況を目の当たりにして、愕然とした。一見賑わっていそうに見えるが、わざわざ足を運びたいと思うような街ではなくなってしまっていたのである。

　インターネットで何でも買え、郊外のショッピングモールで快適に買い物ができる時代に、この街で買い物をする理由はなんだろう。そこにしかない店、人、サービスがなければ、わざわざ人はこの街に来な

いだろう。

そんなことを考えているうちに思い出したのが、横浜の北仲BRICK＆北仲WHITE。森ビルが再開発のために買い上げた歴史的建造物を解体までの1年半の間、格安の賃料で若いアーティストやクリエイターに貸し出し、みかんぐみも入居していた。当時、そこに面白い人たちが続々と集まり、街に与えたインパクトは大きかった。

これと同じように、空き店舗を抱えて困っている商店街で、安い家賃でも貸せば、少なくともそこで働く人たちは増える。それだけでも街は賑わうし、街が変わり始めるきっかけにもなる。

そこで、若者たちが小さなビジネスを気軽に始められる場所を中屋ビルにつくり、小さな店舗群を小倉メルカートという組織がまとめて借り上げ、周辺の相場に比べてかなり安い家賃で貸すという転貸モデルを「コクラ・メルカート計画」という企画書にまとめ、現在の中屋ビルのオーナー、中屋興産の社長・梯 輝元に提案した。梯は「おもしろそうだから、やりましょう」とあっさり了承してくれた。

実は、この話には伏線がある。僕が中屋ビルに関わり始めた2010年頃、北九州市も同じ動きをしていたのだ。JR小倉駅周辺のオフィスビルの空きフロアの増加に頭を悩ませていた北九州市産業経済局サービス産業政策課（当時、新産業振興課）が、都市再生プロデューサーの清水義次（アフタヌーンソサエティ）に、中心部の遊休化したストックの活用と都市型産業の集積のプロデュースを依頼していた。

清水は市内の志のある不動産オーナー、若くて動ける大学教員、新たなビジネスを起こしそうな事業者を集めて「小倉家守構想検討委員会」を2010年に結成した。その委員会にオーナー側の1人として

メルカート三番街、水玉食堂

ポポラート三番街

フォルム三番街

ピッコロ三番街

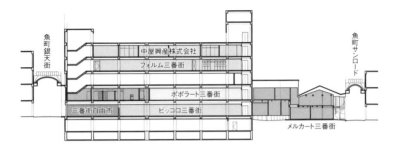

中屋ビル

　加わっていたのが梯だった。その委員会に参加し問題意識を共有していたから、梯は僕の提案をスムーズに受け入れられたのだろう。この委員会の存在を知った僕は、すぐに清水に会いに行き、コクラ・メルカートの企画を話し、背中を押してもらった。

　中屋ビルは、地下1階・地上5階建ての鉄筋コンクリート造の新しい棟と、木造2階建ての古い棟が併設している。1〜4階に30年以上テナントとして入居していた婦人服販売店が撤退することになり、1棟まるごと空き家になっていた。まずはその木造部分をリノベーションするところからプロジェクトはスタートした。

　梯にリノベーションの提案をした後、単にハードを改修するだけでなく、テナントを見つけてきて運営することまで自分でやらなくてはならないということに気づいた。建物が綺麗になっても、空き家だらけのままでは格好悪い。しかし、テナント誘致など今までやったことがなく、正直これはやばいことに手を出したと思った。

　まず入居者の条件は35歳以下に設定し、ツイッターで告知したり、

知り合いに紹介を頼むなど、さまざまな手段を駆使して、なんとか着工までに、募集した10区画のうち8区画の入居者が決まった。入居者は、手づくりの服飾雑貨をつくる作家、照明デザイナー、美容師、アーティスト、グラフィックデザイナー、「小倉経済新聞」というローカルメディア、「水玉食堂」というカフェなど、多彩な顔ぶれだ。こうして「コクラ・メルカート計画」は「メルカート三番街」(メルカート＝市場)として、2011年6月にオープンした。

　次に4階を若い起業家のためのコワーキングスペース「フォルム三番街」として再生し、2011年7月にオープンした。このフロアはテナント店舗の事務所やストックスペースとして使われていて、事務什器、販売什器、家具などが大量に放置されていた。普通は、これらを処分してから内装を改修するが、4階という立地条件でテナント誘致が難しいと判断し、すでにある空間資源をそのまま使い、最初は投資をせず、生みだされた家賃収入で段階的に内装を改修することにした。月に1万円のデスク貸しで募集したところ、一気に10人ほどの入居希望者が集まった。ここでは各種イベントを開催して、情報の発信拠点としての機能も持たせている。

　さらに2階を手づくり作家たちのシェアアトリエ「ポポラート三番街」(ポポラート＝人々が集まる場所)に再生、2012年4月にオープンした。メルカート三番街のリーシングをした際に、北九州には手づくりのクラフト作家がたくさんいて、会社勤めをしながら余暇の時間に家で創作活動をしていることがわかった。彼女らが家でやっている創作活動ができて作品を売れる場所を街なかにつくって集積させれば、面白いコミュニティが生まれるに違いないと考えた。早速企画書をまとめ、父

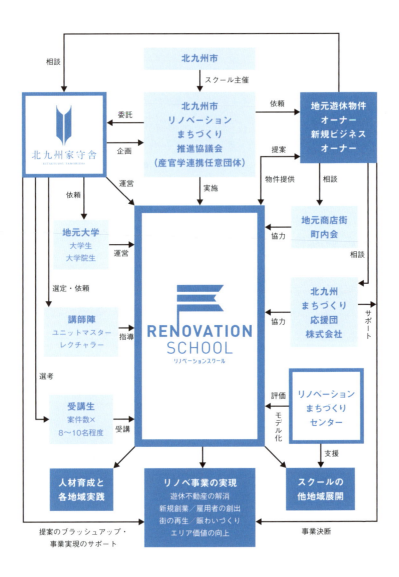

リノベーションスクールの体制

に40組の入居者を集めてもらうよう依頼した。入居者はほどなく集まり、彼らに払える家賃をヒアリングして、家賃収入の総額からかけられる工事費を決め、約2年で回収できる事業計画を組み立てた。

こうして多くの若者が出入りするようになった中屋ビルは、いつの間にか街の人々からクリエイティブ拠点のように誤解され始めた。すると地下に、市内の10の大学が連携して進めているESD（Education for Sustainable Development: ユネスコの持続可能な開発のための教育プログラム）のスタジオをつくる話が舞い込み、2013年3月、「北九州まなびとESDステーション」がオープンした。

そして1階のフロアには、中屋ビルが面する2つの商店街、魚町銀天街から魚町サンロード商店街に通り抜けられるインナーストリートを設け、その両側に小さな店舗を配置する「ピッコロ三番街」（ピッコロ＝裏路地）として再生、2014年6月にオープンした。ここのスペースは短期貸しもしていて、毎月家賃を支払う入居者と、日替わりで店を構える借り手が混在している状態である。貸し方のバリエーションは多種多様で、テーブル1個を1000円で貸したり、面で借りる人には坪1万5000円、広いスペースを借りる人には1日の売上げの10％で貸す場合もある。

こうして2010年から中屋ビルのプロジェクトに関わって4年で、3階を除く地下1階、1階、2階、4階のすべてのフロアをリノベーションし、若者たちが小さなビジネスを気軽に始められる場所に生まれ変わった。

この中屋ビルの経験で僕が実践したスキームは次の3つ。

1つめは、入居者をリノベーションの前に決めてしまう＝「先付け」すること。

2つめは、入居者に払える家賃を事前にヒアリングすること。中屋ビルでは、1人あたり、事務所で1.5〜2万円、物販店で2〜3万円、飲食店で3.5〜4万円という相場だった。

　3つめは、入居者の払える家賃から家賃総額を出し、工事の初期投資を極力抑え、2〜5年で回収できるよう、事業計画を立てること。

　ここで注意しなければならないのは、若い入居者を一定の規模で集積させることだ。周辺の家賃相場より格安の家賃でテナント募集をかけると、1フロア全体を借りたいという事業者が現れるが、そういう貸し方をしても地域への波及効果は薄い。小さい店舗が10軒、40軒と集まって一気にオープンすることで、「あのビルは変わったな」と街の人たちに変化を感じてもらえる。またそこに集める業種は、それまでそのエリアにいなかった業種を積極的に誘致し、また同じ業種に偏らず、なるべく多彩な業種を集めるのがポイントだ。

事業とお金の流れ　MONETIZE

小倉家守構想を面展開するエンジンとして構想されたのが、リノベーションスクールだった。

　北九州市では、中心部の遊休化した不動産の活用によって都市型産業を集積させ雇用を創出する「小倉家守構想」を2011年2月に策

MIKAGE1881に改修前の松永ビル

コワーキングスペースMIKAGE1881

三木屋に改修前の築60年の日本家屋

カフェ&レンタルスペース三木屋

定した。同年6月にオープンしたメルカート三番街は、家守構想のリーディングプロジェクトに位置づけられた。そして、こうしたプロジェクトを面展開するエンジンとして構想されたのが「リノベーションスクール」である。

　リノベーションスクール(以下、スクール)は、全国から参加した受講者が、3泊4日の合宿形式で小倉魚町周辺の空き家をリノベーションする事業計画を提案するものだ。受講者は8〜10名ずつ1つのユニット組み、リノベーション業界の第一線で活躍する講師がユニットマスターとして受講者のプランづくりをサポートする。最終日にその物件のオーナーさんに事業計画のプレゼンテーションを行い、オーナーさんがOKを出せば、計画は事業化される。

　2011年8月に開催した第1回のスクールでは5つの提案が生まれたが、実現には至らなかった。オーナーを選ばずに建物を選んだこと、提案自体のレベルが低かったこと、それを実際に動かしていくための組織がなかったことがその原因だった。

　そこで、前述の家守構想検討委員会が解散して新たにつくられた「北九州リノベーションまちづくり推進協議会」(産官学連携任意団体)のメンバーにスクールの提案を事業化しようと持ちかけたが、誰も動かなかった。

　これらの反省点を踏まえ、第2回のスクールを開催するにあたって、まず物件を提供してもらうオーナーさんを梯の友人で固めることにした。リノベーションで街を変えていこうとしている僕らの考えを理解してくれるオーナーさんでなければ、事業計画は先に進まない。梯と同じように小倉に何代にもわたって根差している人なら小倉の街のため

だと言えばきっと協力してくれるに違いないと考えた。そして2012年2月に開催した第2回のスクールでは、魚町銀天街で老舗家具店を営み現在は不動産業を手がける松永ビルのオーナーさん、銀天街の老舗呉服店を営む新米谷ビルのオーナーさん、魚町サンロード商店街で老舗楽器店を営む松浦ビルのオーナーさん、不動産事業を手がける三木屋ビルのオーナーさん、4人に物件を提供してもらった。

　さらに第2回のスクールの2日目、受講生たちの提案する事業計画を実現させるため、「カフェ・カウサ」のオーナー・遠矢弘毅と2人で家守会社を設立することにした。僕ら2人に加えて、九州工業大学准教授・徳田光広、北九州市立大学准教授・片岡寛之を口説いて、4人で出資して立ち上げたのが「北九州家守舎」だ。

　北九州家守舎の事業スキームはシンプルだ。不動産オーナーから物件を格安で借りて、500万円程度の工事費用を家守舎で負担してリノベーションをする。そこに入居する事業者を誘致し、彼らに転貸する。事業者から支払われる家賃からオーナーへ支払う家賃と管理費を差し引いた差益でリノベーションの初期投資を回収する。初期投資回収後の家賃収益は、リノベーションまちづくりの次のプロジェクトに投資する。

　第2回のスクールの事業提案から生まれたのが、コワーキングスペース「MIKAGE 1881」とカフェ＆レンタルスペース「三木屋」。北九州家守舎で手がけた最初のプロジェクト「MIKAGE 1881」は、15年間空いていた6階建てビルの5階の1フロアを7組の事業者が入居するコワーキングスペースにリノベーションした。

　家守舎を立ち上げたものの、リノベーションの資金を銀行から借り

COCLASSに改修前の喜久田マンション

シェアハウスCOCLASS

かつての魚町サンロード商店街

アーケード撤去後

イタリアンバルCucina di TORIYON

られず、創業メンバーに再度出資を募り、さらには「魚町のために」と他の不動産オーナーたちにも出資してもらい、全部で440万円が集まった。こうして北九州家守舎は、MIKAGE 1881というプロジェクトを実現するために志ある街の人たちが資金を出しあってつくったファンドのような形からスタートした。

運営組織のかたち OPERATION

事業計画、リーシング、設計を3人でこなす三番街事業部というチーム。それは家守会社の原型のようなものだった。

　中屋ビルのプロジェクトは、梯と父と僕の3人で「三番街事業部」というチームを勝手につくってリノベーションをやってきた。梯からリノベーションの依頼を受けて、僕が事業計画と設計を担当し、父がリーシングを行う。3人に雇用関係はなく、いわば家守会社の原型のようなものだった。

　北九州家守舎は、前述の通り4人のメンバーで立ち上げ、現在は正社員スタッフが2名、あとは主婦のパートなどが7名で、スタッフのほとんどが女性だ。現在、家守舎では、北九州のリノベーションスクールの企画・運営、スクールで提案される物件の事業化のほか、すでに事業化されたコワーキングスペース「MIKAGE 1881」、シェアハウス

北九州市小倉・魚町の4つのキャラクター

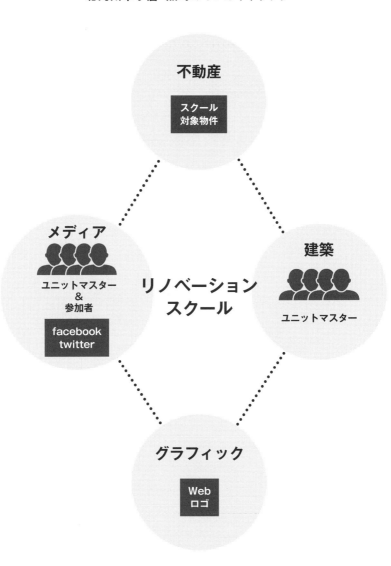

「COCLASS(コクラス)」(後述)、イタリアンバル「cucina di TORIYON(クッチーナ・ディ・トリヨン)」などの運営を行っている。

地域との関係　CONSENSUS

地域の人たちの出資で事業を展開、その利益は地域に再投資し、地域でお金を循環させる。

　北九州家守舎では、地域にお金の循環が生まれるプロジェクトをつくり、地域の人たちからの出資と金融機関からの融資をもとに資金を調達して利回りを発生させ、その利益は地域に再投資するということを常に意識しながら活動している。最新のプロジェクトがゲストハウス＆ダイニング「Tanga Table(タンガテーブル)」で、第6回のスクール(2014年3月開催)の提案を事業化したものだ。

　小倉駅から徒歩10分。100年の歴史を持ち、200店舗以上が軒を連ねる「旦過市場」の川向かいに建つ築51年のホラヤビル(地上6階・地下1階)。その4階、10年以上空き家になっていた、約230坪の1フロアをゲストハウス＆ダイニングに再生、2015年9月にオープンした。

　タンガテーブルのコンセプトは「北九州をあじわう、旅のはじまり」。ゲストハウスのベッド数は67床、ドミトリーと1〜5人が泊まれる個室が5部屋。食堂は30席で、旦過市場で仕入れた食材を使った多国籍

ゲストハウス＆ダイニングTanga Table、エントランス（上左）、受付（上右）、
ゲストルーム（下左）、改修前のホラヤビル（下右）

な料理を提供している。タンガテーブルは地域資源をできるかぎり使い、やがてはこの場所自体が北九州の街の魅力を発信するメディアになってほしいと考えている。

予算は、スクールの提案時で3900万円。これまでの事業規模とは桁が1つ違ったが、以前から宿泊施設をつくりたいと考えていたので、何としても実現させたいプロジェクトだった。事業化にあたって改めて予算を見積もると6000万円必要だった。

資金調達は難航した。銀行の融資は門前払いだった。そこでまず北九州家守舎の取締役4人と監査役の梯の5人が100万円ずつ出資し、その500万円の資金をベースに北九州の名士から出資を募り600万円を集めた。それに家守舎の資金100万円をプラスして、合計1200万円を家守舎で用意した。加えて、スクールでこの物件のユニットマスターを務め、事業化にあたって設計を担当した吉里裕也（スピーク）、同じくユニットマスターだった青木純（メゾン青樹）、食堂のメニュー開発をお願いした寺脇加恵（グローブキャラバン）らから合計900万円の出資を得て、資本金2100万円で特定目的会社タンガテーブルを設立し、運営にあたることにした。

そして苦境を救ってくれたのがMINTO機構（一般財団法人民間都市開発推進機構）。匿名組合出資で1500万円を出資してくれることになった（小規模の民間の遊休不動産の活用としては第一号の認定）。すると、北九州銀行が2500万円の融資を決断してくれた。

このプロジェクトでは、北九州家守舎という会社が存在することで、まず地域の人たちが応援してくれた。その状況を目にした東京の事業者が投資をしてくれ、さらに国と地元の金融機関も支援をしてくれ

た。こうして民間事業者とパブリックセクターの資金がうまく回るしくみを生みだせた。ここに北九州家守舎の存在意義がある。

行政との関係 PARTNERSHIP

北九州のリノベーションまちづくりは市と家守会社のPPP(公民連携)によって構築されている。

　リノベーションスクールは行政の補助金（北九州の場合、第1〜2回、第7回以降は国土交通省、第3〜6回は北九州市の補助事業）で運営されている。しかし、物件の事業化には一切補助金は付いていない。

　北九州では市と僕らの家守会社がPPP（Public Private Partnership、公民連携）をうまく進めている。事業の手続関係を市のサービス産業政策課がワンストップで引き受けてくれたり、国土交通省との複雑なやりとりも市にお願いしている。市の方は施策を進めるエンジンとして家守舎を位置づけている。

　市の施策で一番お世話になっているのは制度融資。北九州市では、不動産オーナーや家守会社に対して、リノベーションプラン評価事業という資金調達制度を設けている。小倉家守構想に合致して事業性が確かなプロジェクトには市が認定書を発行し、地元銀行の融資にエントリーする。

Tanga Table、食堂

実は、第1回のスクールに参加していた北九州銀行の職員がこれからの銀行はリノベーションに出資していくべきだと考え、市のサービス産業政策課にファイナンスのしくみを提案し、制度融資が創設された。
　この制度融資のしくみを最初に利用したのが、第5回のスクール（2013年8月開催）で提案されたDIYができるシェアハウス。小倉駅から3キロほど郊外にある、築35年の4階建てアパートの4階の1フロアを5室＋共用リビング・ダイニングのシェアハウス「COCLASS（コクラス）」に、1階をDIYショップ兼工務店「はたらこくらす」にリノベーションした（デザインは夏水組の坂田夏水）。リノベーション費用600万円のうち、100万円は北九州家守舎の自己資金で、残り500万円は市の制度融資を活用して調達した。

プロモーションの手法　PROMOTION

人が集まるリアルな場所、そこに集まる人こそが最大のメディアになる。

　北九州ではリノベーションスクールが最高のメディアになっている。僕がこだわりぬいて講師をお願いしているユニットマスターたち、全国から選抜された受講者たち、事業化された物件の入居者たち、彼らの1人1人が重要な街のコンテンツだ。人が集まるリアルな場所、そこに

集まる人こそが最大のメディアになる。

エリアへの波及　IMPACT

スクールのミッションは、物件の再生を通じて事業を生みだし、スモールエリアを劇的に変化させること。

　第1回（2011年8月開催）から第9回（2015年8月開催）のスクールで、57件が取り上げられ、17件が事業化され、21件が現在計画中だ。中屋ビルやそこから派生した事例まで入れると、この4年間で小倉魚町エリアで30〜40の物件が生まれ変わった。小倉の商店街の通行量が約3000人増加し、約380人の新規雇用を生んでいる。

　現在、北九州市の小倉以外の若松や門司といった街でも同じような動きが生まれつつある。また最近では、民間の空き家だけでなく、活用頻度の低い公共施設や団地などの物件が行政側から持ち込まれるようになった。

　さらに、北九州市以外の全国各地でリノベーションスクールが開催されるようになった。2014年からは国土交通省の補助事業として全国に展開することが決まり、熱海、田辺（和歌山県）、和歌山、山形、鳥取、浜松、鹿屋（鹿児島県）、豊島区（東京都）等でスクールが実施されている。こうした全国のスクールを企画・運営する会社リノベリングも

設立した。ただ、リノベーションスクールを実施するだけでは街に変化は起きない。スクールのミッションは物件のリノベーションではなく、物件の再生を通じて事業を生みだし、物件のあるスモールエリアを劇的に変化させること。そのためには、物件を事業化し継続的に運営していけるしくみをつくる家守会社が必要だ。

継続のポイント　MANAGEMENT

自分の街のためになる仕事を楽しみながら稼ぐ。行き着いたのは「建築家」のリノベーション。

　6年前、中屋ビルの設計の依頼からスタートし、現在では会社を立ち上げ、自分で事業をつくる側に回っている。それに合わせて、街への関わり方も変わってきた。

　現在僕は、らいおん建築事務所、北九州家守舎、都電家守舎、リノベリング、タンガテーブルという5つの会社を仲間と経営している。やっていることは、リノベーション事業の企画、不動産オーナーとの交渉、テナント誘致、資金調達、設計と幅広い。

　建築家として働き始めて15年、紆余曲折を経て辿りついた方法論が、自分の街のためになる仕事を楽しみながら稼ぐこと。建築設計だけやっているよりはるかに大変だが、はるかにやりがいのある仕事だ。

北九州市小倉・魚町

変化の兆し
2000年代、小倉魚町の商店街で空き家やチェーン店が目立つようになる。嶋田氏が個人的に手がけていた中屋ビルのリノベーションと同時期に、北九州市では「小倉家守構想」を清水義次氏を中心に検討し始める。

きっかけの場所
中屋ビル／全棟空き家になったビルを、オーナーの梯氏、嶋田氏の父、嶋田氏のチームで、リノベーション＋リーシング。北九州のエリア再生の起点となる。

事業とお金の流れ
2011年にリノベーションスクールがスタート。スクールで提案された事業計画を実現する北九州家守舎を立ち上げる。オーナーから借りた物件を入居者に転貸し、家賃の差益でリノベーションの初期投資を3〜5年で回収する転貸モデルで事業を運営。

運営組織のかたち
嶋田氏を含む4名で北九州家守舎を立ち上げる。主な業務は、リノベーションスクールの企画・運営、物件の事業化、事業化されたシェアハウスや飲食店等の運営など。

地域との関係
市場前の空きビルをゲストハウス＆食堂に再生。地域資源活用と北九州の魅力発信の拠点へ。

行政との関係
市と家守会社の連携はPPP（公民連携）のモデル。特に市の制度融資は事業の初期投資の局面に欠かせない。

プロモーションの手法
年2回開催されるリノベーションスクールという場、そこに集まる人々が最高のメディア。

エリアへの波及
4年間でスクールから事業化されたものだけで17件、小倉魚町エリアで30〜40件が再生された。2014年以降、スクールは全国展開されている。

継続のポイント
建築設計だけを仕事とせず、リノベーション事業企画、不動産オーナーとの交渉、テナント誘致、資金調達、設計までカバーする嶋田氏の職域を横断する仕事のやり方。

街と観察者

　僕は仕事でたくさんの街を訪れる。プロジェクトでしばらく根をおろすときもあれば、旅人のように短い滞在で移動してしまうこともある。

　時々、変化する街特有の違和感のようなものを感じることがある。出会った人との会話から、リノベーションされた小さな建物から、街角で見かけたフライヤーの束から。その兆しを発見したときの高揚感が好きなのだと思う。

　そんなとき、観察者となって変化の理由とメカニズムを解き明かしたくなる。僕の仕事のスタイルは観察と実践を交互に繰り返すこと。取材からインスピレーションを受けて、それが次の仕事のモチベーションになっている。

　この本の企画を持ちかけてくれた学芸出版社の宮本裕美さんは、この習性を見抜いていたのだと思う。いつも本という乗り物で新しい世界に連れて行ってくれるから、一緒に仕事をしていて楽しい。

　忙しいなか、街を歩きながら長い取材に丁寧に付きあってくれた皆さんにも、この場を借りて感謝したい。見せていただいた変化の風景は、この国の未来を示している。それが読んでくださった方々の活動の何らかのヒントになってくれれば嬉しい。

　今回もOpen Aのみんなには忙しい業務のなか、多くの協力を強いてしまった。この事務所に入った宿命として諦めて欲しい。特に加藤優一くんは取材、編集、執筆まで多岐にわたって活躍してくれた。

　みなさんにとても感謝しています。ありがとう。

2016年4月

馬場正尊

図版クレジット

加藤優一（Open A）：p.17(上)、41(中右)、96(上)、116(上)、136(上)、140(下左)、141、144-145、148(下)、149(上)、157、160、169(下)、184
PIXITA：p.17(下)
Asyl：p.34(上左)、76(上左、下右・右)、77
lx Co.,Ltd.：p.34(上右)、37(上右)、41(上右)、92、93、96(下)、97、100、101、105、108、109、112-113、116(下)
丸順不動産：p.34(中左)、37(中左)、41(中左)、124(下)、125、128、129、136(下左・右)、137、140(上左・右、下右)、148(上)、149(下)
尾道空き家再生プロジェクト：p.34(中右)、37(中右)、156、161、167、168、169(上、中)、172、176、177、180、181、185
MYROOM：p.34(下左)、41(下左)、192(上)、200、201、204-205、208(中)
リノベリング：p.34(下右)、233(上左・右)
東京R不動産：p.37(上左)、76(上右)
ナノグラフィカ：p.37(下左)、193、208(上、下)、209
Open A：p.41(上左)、64、65(下)、73(上右、中左・右、下左・右)、84(下)
中村絵：p.41(下右)、225(下)、228(上)
阿野太一：p.60、65(上左・右)、81
池田晶紀：p.68、84(上)、85(上右)
寺西家阿倍野長屋：p.124(上)
小野環：p.164-165
LLPボンクラ：p.192(下左・右)
1166バックパッカーズ：p.196
TIKU-：p.212
OPEN LLP：p.213
オリカフェ：p.216
内山温那：p.217(下)
らいおん建築事務所：p.224(上)、225(上)、228(下)、230、241(上左・右)
魚町商店街振興組合：p.224(下)
北九州家守舎：p.229(上)、233(下右下)、236(下)
リノベーションまちづくりセンター：p.229(下)、232、233(中右・右、下左、下右上)、236(上)、237、240、241(下)
タンガテーブル：p.245
Tom Miyagawa Coulton：p.248-249

イラスト

作図：Open A
描画：Asyl

なお、本書における調査の一部は「日本学術振興会科学研究費助成事業（基盤研究(C)課題番号16K06657）」の助成により行っている。

馬場正尊（ばば・まさたか）

Open A 代表／公共R不動産ディレクター／東北芸術工科大学教授。1968年生まれ。早稲田大学大学院建築学科修了後、博報堂入社。2002年Open A Ltd. を設立。建築設計、都市計画まで幅広く手がけ、ウェブサイト「東京R不動産」「公共R不動産」を共同運営する。建築の近作に「Reビル事業」「佐賀県柳町歴史地区再生」「Shibamata FU-TEN」など。近著に『公共R不動産のプロジェクトスタディ 公民連携のしくみとデザイン』『CREATIVE LOCAL エリアリノベーション海外編』『エリアリノベーション 変化の構造とローカライズ』など。

エリアリノベーション
変化の構造とローカライズ

2016年5月25日　初版第1刷発行
2018年6月20日　初版第3刷発行

編著者	馬場正尊＋Open A
著者	明石卓巳・小山隆輝・加藤寛之 豊田雅子・倉石智典・嶋田洋平
発行者	前田裕資
発行所	株式会社学芸出版社 〒600-8216 京都市下京区木津屋橋通西洞院東入 電話075-343-0811
編集	馬場正尊＋加藤優一（Open A） 宮本裕美＋森國洋行（学芸出版社）
デザイン	佐藤直樹＋菊地昌隆（Asyl）
印刷・製本	シナノパブリッシングプレス

©馬場正尊ほか 2016 Printed in Japan
ISBN 978-4-7615-2622-1

JCOPY【(社)出版者著作権管理機構委託出版物】
本書の無断複写（電子化を含む）は著作権法上での例外を除き禁じられています。複写される場合は、そのつど事前に、(社)出版者著作権管理機構（電話 03-3513-6969、FAX 03-3513-6979、e-mail: info@jcopy.or.jp）の許諾を得てください。また本書を代行業者等の第三者に依頼してスキャンやデジタル化することは、たとえ個人や家庭内での利用でも著作権法違反です。